土木工程专业实验教材

# 测量学实验虚实结合指导书

主编　熊旭平　周访滨

人民交通出版社股份有限公司
北　京

## 内 容 提 要

本书按照高等学校土木工程专业指导委员会最新编制的测量学课程教学大纲的要求组织编写,是《测量学》和《数字测图原理和方法》的配套教材。全书包括测量实验操作基本知识、测量学实体实验设计与指导和测量学虚拟仿真数字测图综合实验指导三个部分。实验项目设计按基本实验、提高性实验和前沿性实验安排实验内容,注重科学、先进的实验内容与基本实验技能训练和综合素质培养的有机结合。

本书可作为土木工程专业各方向和建筑学、城市规划、给排水、水利水电工程、港口航道与海岸工程、房地产经营与管理以及测绘工程等专业的测量学和数字测图原理与方法等课程的实验教材。其他开设本课程的专业可根据其教学内容、实验学时数以及设备情况选择本教材中相应的实验项目。

**图书在版编目(CIP)数据**

测量学实验虚实结合指导书/熊旭平,周访滨主编
.—北京:人民交通出版社股份有限公司,2023.9

ISBN 978-7-114-18982-1

Ⅰ.①测… Ⅱ.①熊… ②周… Ⅲ.①测量学—实验
—高等学校—教学参考资料 Ⅳ.①P2-33

中国国家版本馆 CIP 数据核字(2023)第 172708 号

土木工程专业实验教材

Celiangxue Shiyan Xushi Jiehe Zhidaoshu

**书　　名**:**测量学实验虚实结合指导书**
**著 作 者**:熊旭平　周访滨
**责任编辑**:李　瑞　刘楚馨
**责任校对**:赵媛媛　龙　雪
**责任印制**:张　凯
**出版发行**:人民交通出版社股份有限公司
**地　　址**:(100011)北京市朝阳区安定门外外馆斜街 3 号
**网　　址**:http://www.ccpcl.com.cn
**销售电话**:(010)59757973
**总 经 销**:人民交通出版社股份有限公司发行部
**经　　销**:各地新华书店
**印　　刷**:北京虎彩文化传播有限公司
**开　　本**:787×1092　1/16
**印　　张**:6.25
**字　　数**:142 千
**版　　次**:2023 年 9 月　第 1 版
**印　　次**:2023 年 9 月　第 1 次印刷
**书　　号**:ISBN 978-7-114-18982-1
**定　　价**:35.00 元

# 前　言

随着测绘科学的飞速发展，测绘新技术、新仪器的发展和使用，使得测绘的作业方式、作业手段等都发生了很大变化。为了适应这一变化，满足新时期人才培养要求，需要减少验证性实验，开设设计性、综合性和研究创新性实验并引入虚拟仿真实验。

本书是测量学和数字测图原理与方法课程的配套教材。本书共编写了12个实体实验项目和1个综合性虚拟仿真实验项目，各专业可根据其教学内容、实验学时和拥有设备条件选做部分实验。通过这些实验，学生能较好地巩固课堂所学的测量知识，熟练使用各种测量仪器，掌握各种测量方法、记录计算方法，并能够根据项目要求设计实验方案、选用实验仪器、分析和评价实验结果。综合性虚拟仿真实验项目为虚拟仿真数字测图综合实验，可有效解决线上实验教学问题。

本指导书内容为长沙理工大学交通运输工程学院测量实验指导教师教学经验的总结。本实验指导书是在《测量学实验指导与实验报告》的基础上进行编写的，在内容和章节方面作了修改。参加本指导书修订的有：周访滨（第一篇、第二篇实验五、六、七、八、九及第三篇部分内容），熊旭平（第二篇实验一、二、三、四、十、十一、十二及第三篇部分内容）。全书由熊旭平负责统稿工作。

本书的编写得到了公路交通虚拟仿真实验中心的大力支持，在此表示衷心的感谢。

书中如有疏漏或错误之处，恳请读者不吝指教。

编　者

2023年7月

# 目　录

# 第一篇 测量实验操作基本知识

## 一、测量实验规定

### 1.准备工作

(1)实验之前,应认真仔细阅读本书相应部分,明确实验目的和实验要求,熟悉实验步骤,注意有关事项。

(2)根据实验内容,阅读《测量学》和《数字测图原理与方法》教材中有关章节,掌握基本概念和方法,使实验能顺利完成。

(3)实验分小组进行,组长负责组织协调工作,办理所用仪器工具的借领和归还手续。

(4)按本书要求,上课前准备好必备的工具,如铅笔、小刀等。

### 2.要求

(1)课内实验应在规定的时间内进行,不得无故缺席或迟到、早退;应在指定的场地内进行,不得擅自改变地点或离开现场。

(2)应有教师进行现场指导。学生必须认真、仔细地操作,培养独立工作的能力和严谨、求实的科学态度,同时要发扬相互协作的精神。每项实验都需取得合格的成果并提交书写工整规范的实验报告。实验成果经指导教师审阅签字后,方可交还测量仪器和工具,结束实验。

(3)实验过程中的具体操作应按本书的规定步骤进行,如遇问题要及时向指导教师提出。

(4)实验中出现仪器故障必须及时向指导教师报告,不可自行处理。

(5)实验过程中应遵守纪律,爱护现场的花草、树木,爱护公共设施。

## 二、测量仪器工具的借用办法及注意事项

(1)每次实验所需仪器及工具均已在本书上载明。课内实验由教师预约,学生以小组为单位在上课前向测量实验室登记借领;课外开放实验时,学生凭学生证或身份证借领。

(2)借领仪器时,应当场清点、检查实物与清单是否一致,仪器工具及附件是否齐全,背带及提手是否牢固,脚架是否完好等,如有缺漏、损坏的,可以补领或更换。

(3)各组在清点、检查完仪器工具后,在登记表上填写班级、组号、日期、小组组长或借领人姓名,将登记表交付管理人员,方可将仪器、工具带走。

(4)离开借领地点之前,必须锁好仪器箱并捆扎好各种工具;搬运仪器工具时,必须轻取轻放,避免剧烈震动。

(5)借出仪器工具之后,各小组应妥善保护好仪器工具。各小组间不得任意调换、转借仪器工具。

(6)实验完毕,各组应将所借用的仪器、工具清扫干净再送还借领处,经管理人员检查验收后方可离开。仪器工具若有损坏或遗失,应以书面报告形式说明情况,并按有关规定处理。

## 三、测量仪器、工具的正确使用和维护

### 1.领取和携带仪器时必须事先检查的事项

(1)仪器箱盖是否关妥、锁好。

(2)背带、提手是否牢固。

(3)脚架与仪器是否相配,脚架各部分是否完好,脚架架腿伸缩处的连接螺旋是否滑丝。需防止因脚架未架牢而导致仪器摔坏,或因脚架不稳而影响作业。

### 2.打开仪器箱时的注意事项

(1)仪器箱应平放在地面上或其他台子上才能开箱,不要托在手上或抱在怀里开箱,以免将仪器摔坏。

(2)开箱取出仪器前,要看清并记住仪器在箱中的安放位置,以免仪器用完装箱时因安放位置不正确而损伤仪器。

### 3.自箱内取出仪器时的注意事项

(1)不论何种仪器,在取出前一定要先放松制动螺旋,以免取出仪器时因强行扭转而损坏制动装置、微动装置,甚至损坏轴系。

(2)自箱内取出仪器时,应用双手握住支架或一手握住支架、另一手握住基座,轻轻取出仪器,放在三脚架上。

(3)自箱内取出仪器后,应立即将仪器箱盖好,以免沙土、杂草等杂物和湿气进入箱内。还要防止搬动仪器时丢失附件。

(4)取仪器过程中,要注意避免触摸仪器的目镜、物镜,以免玷污,进而影响成像质量。

### 4.架设仪器时的注意事项

(1)将伸缩式三脚架的三条腿抽出后,要把固定螺旋拧紧,但不可用力过猛而造成螺旋滑丝。要防止因螺旋未拧紧造成三脚架架腿自行收缩而摔坏仪器。三条腿拉出的长度要适中。

(2)架设三脚架时,三条腿分开的跨度要适中,太靠拢容易被碰倒,分太开容易滑开,都会造成事故。若在斜坡上架设仪器,应使两条腿在坡下(可稍长),一条腿在坡上(可稍缩短)。若在光滑地面上架设仪器,应采取安全措施(例如用细绳将脚架的三条腿联结起来),防止脚架滑动摔坏仪器。

(3)安放稳妥脚架并将仪器放到脚架上后,应一只手握住仪器,另一只手立即旋紧仪器和脚架间的中心连接螺旋,避免仪器从脚架上掉落摔坏。

(4)仪器箱多为薄型材料制成,不能承重,因此严禁蹬、坐在仪器箱上。

### 5.仪器在使用中的注意事项

(1)在阳光下观测必须撑伞,防止日晒(包括仪器箱);雨天应禁止观测。对于电子测量仪

器,在任何情况下均应注意防护。

(2)任何时候仪器旁必须有人看护。禁止无关人员拨弄仪器。注意防止行人、车辆碰撞仪器。

(3)如因物镜、目镜外表蒙上水汽而影响观测(在冬季较常见),应稍等一会或用纸片扇风使水汽散发。若镜头上有灰尘,应用仪器箱中的软毛刷轻轻拂去,再用镜头纸擦拭。严禁用手帕、粗布或其他纸张擦拭,以免擦伤镜面。观测结束后应及时套上物镜盖。

(4)操作仪器时,用力要均匀,动作要准确、轻捷。制动螺旋不宜拧得过紧,微动螺旋和脚螺旋宜使用中段螺纹,用力过大或动作太猛都会造成仪器损伤。

(5)转动仪器时,应先松开制动螺旋,然后平稳转动。使用微动螺旋时,应先旋紧制动螺旋。

(6)使用仪器时,对尚未了解性能的部件,未经指导教师许可,不得擅自操作。

(7)测距仪、电子经纬仪、电子水准仪、全站仪、GPS 等电子测量仪器,在野外更换电池时,应先关闭仪器的电源;装箱之前,也必须先关闭电源,才能装箱。

6. 仪器迁站时的注意事项

(1)远距离迁站或通过行走不便的地区时,必须将仪器装箱后再迁站。

(2)近距离且在平坦地区迁站时,可将仪器连同三脚架一起搬迁。首先检查连接螺旋是否旋紧,松开各制动螺旋,再将三脚架腿收拢,然后一手托住仪器的支架或基座,一手抱住脚架,稳步行走。搬迁时切勿奔跑,防止摔坏仪器。严禁将仪器横扛在肩上搬迁。

(3)迁站时,要清点所有的仪器和工具,防止丢失。

7. 仪器装箱时的注意事项

(1)仪器使用完毕,应及时盖上物镜盖,清除仪器表面的灰尘和仪器箱、脚架上的泥土等杂物。

(2)仪器装箱前,要先松开各制动螺旋,将脚螺旋调至中段并使之大致等高。然后一手握住支架或基座,另一手将中心连接螺旋旋开,双手将仪器从脚架上取下放入仪器箱内。

(3)仪器装入箱内后要试盖一下,若箱盖不能合上,说明仪器未正确放置,应重新放置,严禁强压箱盖,以免损坏仪器。在确认安放正确后再将各制动螺旋略为旋紧,防止仪器在箱内转动而损坏某些部件。

(4)清点箱内附件,若无缺失则将箱盖盖上,扣好搭扣,上锁。

8. 测量工具使用时的注意事项

(1)使用钢尺时,应防止扭曲、打结,防止行人踩踏或车辆碾压,以免折断钢尺。携尺前进时,不得沿地面拖拽,以免钢尺尺面刻划线磨损。使用完毕,应将钢尺擦净并涂油防锈。

(2)使用皮尺时应避免沾水;若受水浸,应晾干后再卷入皮尺盒内。收卷皮尺时切忌扭转卷入。

(3)使用水准尺和花杆时,应注意防止其受横向压力。不得将水准尺和花杆斜靠在墙上或电线杆上,以防倒下摔断。也不允许在地面上拖拽或用花杆作标枪投掷。

(4)小件工具如垂球、尺垫等,应用完即收,防止遗失。

## 四、测量资料的记录、计算要求

(1)观测记录必须直接填写在规定的表格内,不得用其他纸张另行记录再转抄。

(2)凡记录表格上规定填写的项目应填写齐全。

(3)所有记录与计算均用硬性铅笔(2H 或 3H)记载。字迹应端正清晰,字高应稍高于格子的一半。一旦记录中出现错误,便可在留出的空隙处对错误的数字进行更正。

(4)观测者读数后,记录者应立即回报读数,经确认后再记录,以防听错、记错。

(5)禁止擦拭、涂改与挖补记录表格。发现错误应用横线划去错误处,将正确数字写在原数上方,不得使原数模糊不清。淘汰整个部分时可用斜线划去,保持被淘汰的数字仍然清晰可见。所有记录的修改和观测成果的淘汰,均应在备注栏内注明原因(如测错、记错或超限等)。

(6)禁止连环更改:若已修改了平均数,则不准再修改计算得出此平均数的任何一个原始读数;若已改正一个原始读数,则不准再修改其平均数。假如两个读数均错误,则应重测重记。

(7)原始观测的尾部读数不准更改,如角度读数 48°38′54″中秒读数 54″不准更改。

(8)读数和记录数据的位数应齐全,不能省略零位。如在普通测量中,水准尺读数 0032,度盘读数 4°06′06″,其中的“0”均不能省略。

(9)计算数据时,应根据所取的位数,按“4 舍 6 入,逢 5 奇进偶不进”的规则进行凑整。如 1.6244、1.6236、1.6245、1.6235,若取三位小数,则均记为 1.624。

(10)每测站观测结束,应在现场完成计算和检核,确认合格后方可迁站。实验结束,应按规定每人或每组提交一份记录手簿或实验报告。

# 第二篇　测量学实体实验设计与指导

## 实验一　光学水准仪的认识与使用

### 一、基本概念和方法

(1)水准测量原理:利用水准仪提供的水平视线,分别读取高程已知点和待定点上水准尺的读数,测定两点间的高差,从而推算出待定点的高程。

如图 2-1-1 所示,欲测定 $A$、$B$ 两点之间的高差 $h_{AB}$,可在 $A$、$B$ 两点上分别竖立有刻度的尺子——水准尺,并在 $A$、$B$ 两点之间安置一台能提供水平视线的仪器——水准仪。根据仪器所提供的水平视线,在 $A$ 点尺上读数,设为 $a$;在 $B$ 点尺上读数,设为 $b$;则 $A$、$B$ 两点间的高差为:$h_{AB}=a-b$。

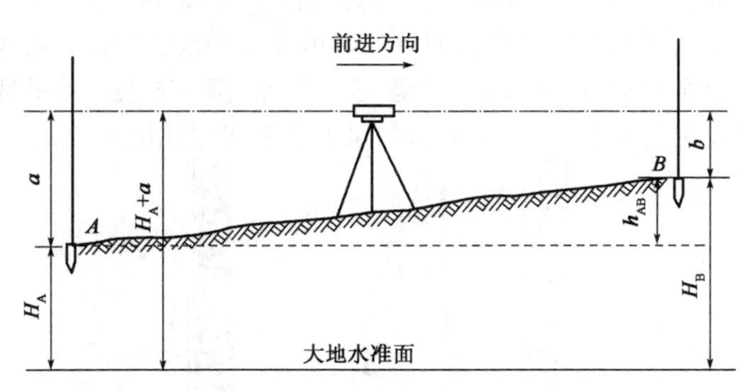

图 2-1-1　水准测量原理

如果水准测量前进的方向为从 $A$ 到 $B$,如图 2-1-1 中的箭头所示,则相对前进方向而言,$A$ 点为后视点,其读数 $a$ 称为后视读数;$B$ 点为前视点,其读数 $b$ 称为前视读数。而高差等于后视读数减去前视读数。高差 $h$ 是一个有方向含义的值,且有正负号之分,$h_{AB}$ 指的是从 $A$ 点到 $B$ 点的高差。若 $a>b$,高差为正,表示从 $A$ 点到 $B$ 点为上坡;反之,高差为负,表示从 $A$ 点到 $B$ 点为下坡。

(2)水准测量的仪器、工具及操作使用。

根据水准测量原理,水准仪的主要作用就是提供一条水平视线,并能照准水准尺进行读数。水准仪主要由望远镜、水准器及基座三部分构成。图 2-1-2 所示是我国生产的 $DS_3$ 级微倾式水准仪。

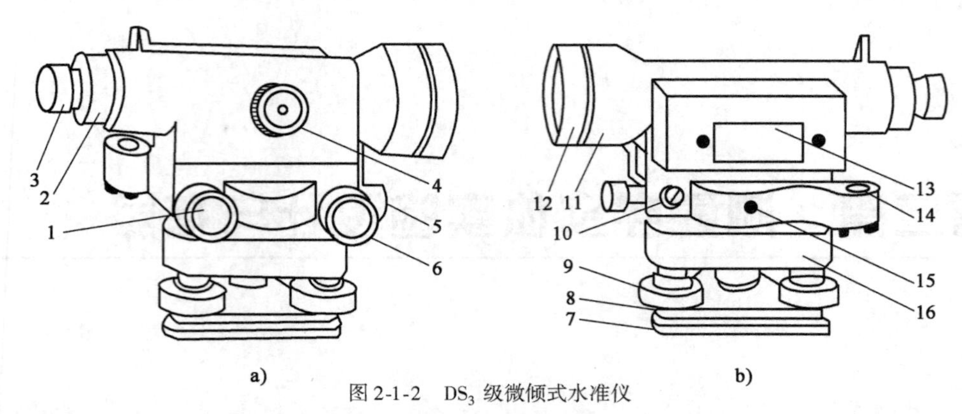


图 2-1-2　$DS_3$ 级微倾式水准仪

1-微倾螺旋;2-分划板护罩;3-目镜;4-物镜对光螺旋;5-制动螺旋;6-微动螺旋;7-底板;8-三角压板;9-脚螺旋;10-弹簧帽;11-望远镜;12-物镜;13-管水准器;14-圆水准器;15-连接小螺丝;16-基座

水准仪必须提供一条水平视线,才能正确测出两点间的高差。为此,水准仪应满足以下条件:

①圆水准器轴(L′L′)应平行于仪器的竖轴(VV);

②十字丝的中丝(横丝)应垂直于仪器的竖轴;

③水准管轴(LL)应平行于视准轴(CC)。

水准尺是进行水准测量时竖立在目标点上的标尺,一般用不易变形且干燥的木材制成。常用的水准尺有直尺、折尺和塔尺等几种。如图 2-1-3 所示,双面水准尺(直尺)多用于三、四等水准测量。其长度一般为 3m,且两根尺为一对。每根尺的两面均有刻划,一面为黑白相间称为黑面,另一面为红白相间称为红面,两面刻划均为 1cm,并在分米处注记。两根尺的黑面均由零开始;红面不同,一根尺由 4.687m 开始,另一根由 4.787m 开始。同一根尺的两面起始刻划不同,主要目的是为了当尺子需要两面读数时可以互相检验校核。塔尺、折尺多用于等外水准测量,目前常用合金制成,用两节或三节套接在一起,携带方便。尺的底部为零点,尺上有相间的黑白格,每格宽度为 0.5cm 或 1cm,有的尺上还有线划注记。

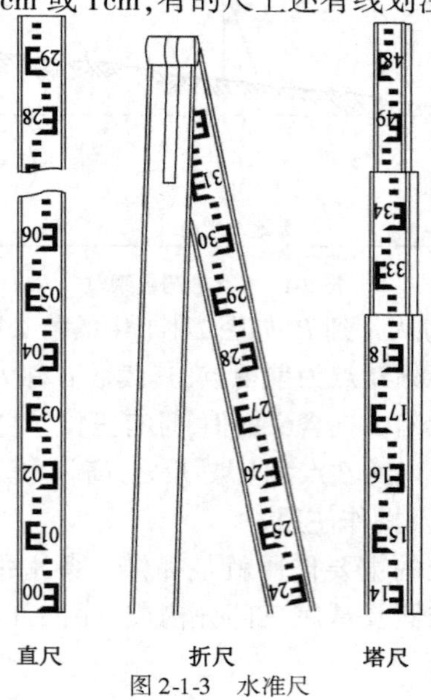


图 2-1-3　水准尺

尺垫是由生铁铸成，为三角形，如图 2-1-4 所示。尺垫上方有一半球突起，用于竖立水准尺，下方有三个尖角用于插入地面固定尺垫。尺垫用在转点处放置水准尺以传递高程。

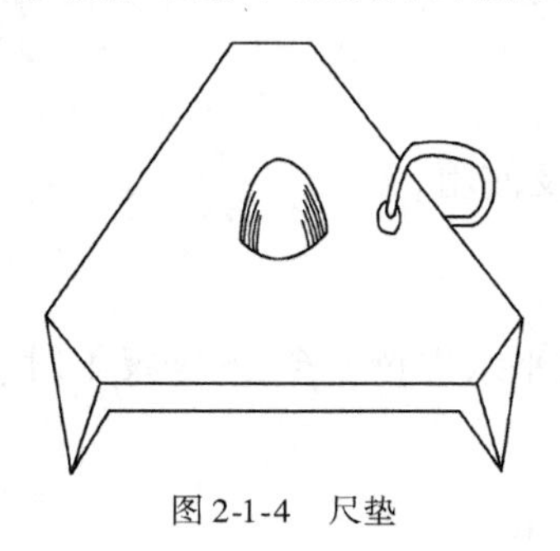

图 2-1-4　尺垫

## 二、实验目的与要求

(1)了解 $DS_3$ 水准仪的基本构造、各部件及调节螺旋的名称和作用，熟悉其使用方法。

(2)掌握 $DS_3$ 水准仪的安置、瞄准、精平和读数方法。

(3)练习普通水准测量——测站的观测、记录与计算方法。

(4)了解 $DS_3$ 微倾式水准仪的构造特点，以及它与 $DZS_3$ 自动安平式水准仪的不同之处。

## 三、实验内容与设计

(1)认识水准仪各个部件，熟悉各个螺旋的作用，掌握水准仪的操作使用方法。

(2)分别用 $DS_3$、$DZS_3$ 水准仪测量地面两点之间的高差，用红、黑面读数，试算红面中丝读数减去尺底常数是否等于黑面中丝读数。

## 四、实验步骤

(1)安置仪器，认识 $DS_3$ 水准仪，了解仪器基本构造、各部件名称和作用。

①安放三脚架。

②安置仪器。

③观察熟悉仪器。

(2)水准仪的使用。水准仪的操作步骤为：粗平、瞄准水准尺、精平、读数。

①粗平(图 2-1-5)。

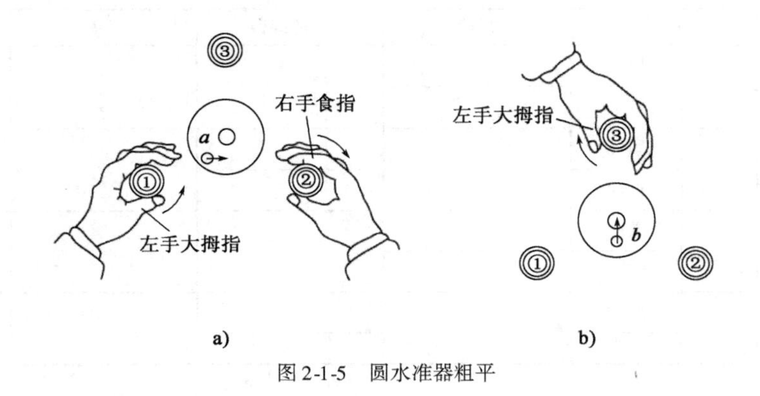


图 2-1-5　圆水准器粗平

②瞄准水准尺。
③精平。
④读数。
(3)测站水准测量练习。
(4)自动安平水准仪的认识及使用。

## 五、实验设备与器具

$DS_3$水准仪1台、$DZS_3$自动安平水准仪1台、水准尺1对、尺垫1对、记录板1块。

## 六、实验成果及处理

(1)基辅分划读数校核。
(2)测站高差校核。

## 七、实验注意事项

(1)水准仪安放到三脚架上时必须立即将中心连接螺旋旋紧,以防仪器从脚架上掉下摔坏。
(2)开箱后先看清仪器放置情况及箱内附件情况,用双手取出仪器后应立即将仪器箱盖好,并关箱。
(3)仪器旋钮不宜拧得过紧,微动螺旋只能拧到适中位置,不宜太过头。
(4)自动安平水准仪一般为正像望远镜,读数前无精平动作,但要检查有关按钮以判断补偿装置是否有效。
(5)仪器装箱一般要松开水平制动螺旋,试着合上箱盖,不可用力过猛,压坏仪器。

## 八、实验学时分配

课内2学时。

## 九、实验报告模板

(1)实验目的。
(2)实验内容。
(3)读数练习记录(表2-1-1)。

**水准仪读数练习记录表**

表2-1-1

| 测站 | 点号 | | 后视读数 | 前视读数 | 高差 | 读数差 |
|---|---|---|---|---|---|---|
| | | 黑面 | | | | |
| | | 红面 | | | | |
| | | 黑面 | | | | |
| | | 红面 | | | | |
| | | 黑面 | | | | |
| | | 红面 | | | | |
| | | 黑面 | | | | |
| | | 红面 | | | | |

续上表

| 测站 | 点号 | | 后视读数 | 前视读数 | 高差 | 读数差 |
|---|---|---|---|---|---|---|
| | | 黑面 | | | | |
| | | 红面 | | | | |
| | | 黑面 | | | | |
| | | 红面 | | | | |
| | | 黑面 | | | | |
| | | 红面 | | | | |
| | | 黑面 | | | | |
| | | 红面 | | | | |
| | | 黑面 | | | | |
| | | 红面 | | | | |
| | | 黑面 | | | | |
| | | 红面 | | | | |

(4)实验成果及处理。

在表 2-1-1 中完成校核计算并判断是否合格。

(5)实验心得体会。

# 实验二　数字水准仪的认识与使用

## 一、基本概念和方法

(1)水准测量原理:利用水准仪提供的水平视线,分别读取高程已知点和待定点上水准尺上的读数,测定两点间的高差,从而推算出待定点的高程。

(2)数字水准仪、工具及操作使用:数字水准仪的结构、轴线及其应满足的几何条件;条码水准尺的种类及读数原理;尺垫的作用及使用方法。

数字水准仪(Digital Levels)又称电子水准仪。数字水准仪是以自动安平水准仪为基础,在望远镜光路中增加了分光镜和光电探测器,采用条码水准尺和图像处理系统构成的光、机、电及信息存储与处理的一体化水准测量仪。水准尺的分划用条形码代替厘米间隔的米制长度。数字水准仪与光学水准仪相比,它具有测量速度快、精度高、自动读数、使用方便、可自动记录存储测量数据、易于实现水准测量内外业一体化的优点。

图 2-2-1 是徕卡 DNA03 全中文数字水准仪,其每公里往返测高程的误差为:使用标准水准尺为 1.0mm,铟瓦尺为 0.3mm。测量时通过键盘面板和有关操作程序使用水准仪,并能以中文方式显示测量成果和水准仪系统的状态。同时有配合水准仪使用的专用数据处理软件,可以对观测成果做内业处理。该水准仪如同自动安平水准仪一样,操作简单,易于掌握。其最大优点是有许多配套程序和软件可供使用,并且易于掌撑。数字水准仪的望远镜光学部分和机械结构与光学自动安平水准仪基本相同,因此也可瞄准普通水准尺进行光学读数。

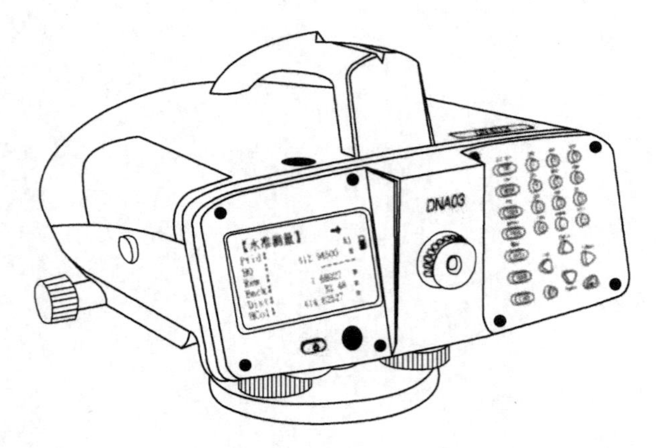


图 2-2-1　徕卡 DNA03 全中文数字水准仪

目前,数字水准仪采用的自动电子读数方法有以下三种:①相关法,如徕卡公司 NA2002、DNA03 数字水准仪;②几何法,如蔡司公司的 DIN110、DIN120 数字水准仪;③相位法,如拓普康公司的 DL-101C 数字水准仪。

线阵探测器获得的水准尺上的条码图像信号(即测量信号),通过仪器内预先设置的“已知代码”(参考信号)按信号相关方法进行比对,使测量信号移动以达到两信号最佳符合,从而获得标尺读数和视距读数，如图 2-2-2 所示。进行数据相关处理时，要同时优化水准仪视线在标尺上的读数和仪器到水准尺的距离，因此，这是一个二维离散相关函数。为了求得相关函数的峰值，需要在整条尺子上搜索。在这样一个大范围内搜索最大相关值大约要计算 50000 个相关系数，较为费时。为此，要采用粗相关和精相关两个运算阶段来完成此项工作。由于仪器距水准尺的远近不同，水准尺图像在视场中的大小也不相同，因此，粗相关的一个重要步骤就是用调焦发送器求得概略视距值，完成粗相关，这样可以使相关运算次数减少约 80%。然后再按一定的步长完成精相关的运算工作，求得图像对比的最大相关值，即水平视准轴在水准尺上的读数，同时精确求得视距值。

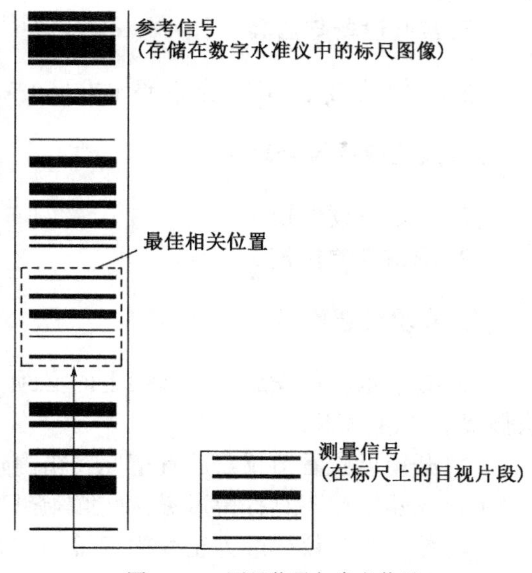


图 2-2-2　测量信号与参考信号

## 二、实验目的与要求

(1)了解数字水准仪的基本构造、各部件及调节螺旋的名称和作用，熟悉其使用方法。

(2)掌握数字水准仪的安置、瞄准、精平和读数方法。

(3)练习普通水准测量——测站的观测、记录与计算方法。

(4)了解数字水准仪的构造特点，与光学水准仪的不同之处及它自身的特点和优势。

## 三、实验内容与设计

(1)认识数字水准仪各个部件，熟悉各个螺旋的作用，掌握数字水准仪操作使用方法。

(2)使用数字水准仪测量地面两点之间的高差，试算不同仪器高度时测量观测指定点间的高差较差。

## 四、实验步骤

(1)安置数字水准仪。

①安放三脚架。

②安置数字水准仪。

③观察熟悉数字水准仪。

(2)数字水准仪的使用。

①粗平。

②瞄准水准尺。

③读数。

(3)按等级水准测量测站程序进行观测练习。

## 五、实验设备与器具

数字水准仪 1 台、配套条形码水准尺 1 对、尺垫 1 对、记录板 1 块。

## 六、实验成果及处理

(1)指定点读数校核。
(2)测站高差校核。

## 七、实验注意事项

(1)数字水准仪安放到三脚架上时必须立即将中心连接螺旋旋紧,以防数字水准仪仪器从脚架上掉落摔坏。
(2)开箱后先看清仪器放置情况及箱内附件,用双手取出仪器并及时关箱。
(3)仪器旋钮不宜拧得过紧,微动螺旋只能旋转到适中位置,不宜超出限位。
(4)数字水准仪一般为正像望远镜,且自动精平,读数前无精平动作,但要检查有关按钮以判断补偿装置是否有效。
(5)仪器装箱一般要松开水平制动螺旋,试着合上箱盖,不可用力过猛,会压坏仪器。

## 八、实验学时分配

课内 2 学时。

## 九、实验报告模板

(1)实验目的。
(2)实验内容。
(3)读数练习记录(表 2-2-1)。

**数字水准仪读数练习记录表** 表 2-2-1

| 测站 | 点号 | 后视读数 | 前视读数 | 高差 | 读数差 |
|---|---|---|---|---|---|
| | | | | | |
| | | | | | |
| | | | | | |
| | | | | | |
| | | | | | |
| | | | | | |

(4)实验成果及处理。
在表 2-2-1 中完成校核计算并判断是否合格。
(5)实验心得体会。

# 实验三　普通水准路线测量

## 一、基本概念和方法

(1)水准点和水准路线。

为了统一全国的高程系统和满足各种测量的需要,测绘部门在全国各地埋设并测定了很多高程点,这些点称为水准点(Bench Mark,简记为 BM)。水准点可根据需要,设置成永久性水准点和临时性水准点。各等级水准点均应埋设永久性标石或标志,水准点的等级应注记在水准点标石或标记面上。水准点标石的类型可分为:基岩水准标石、基本水准标石、普通水准标石和墙脚水准标志四种,其中混凝土普通水准标石和墙脚水准标志的埋设要求如图 2-3-1 所示,临时性水准点则可用地面上突出的坚硬岩石或木桩打入地下,桩顶钉以半球形铁钉。

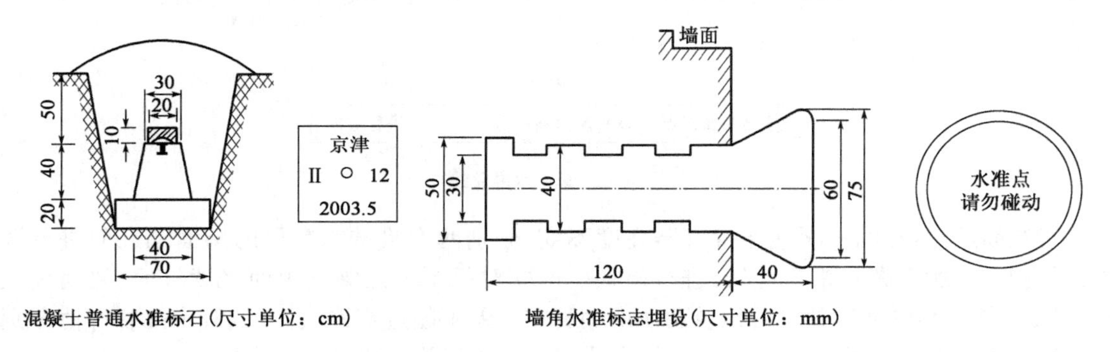


图 2-3-1　等级水准标志

一般情况下,从一已知高程的水准点出发,用连续水准测量的方法才能测出另一待定水准点的高程,在水准点之间进行水准测量所经过的路线称为水准测量路线。水准测量路线的布设分为单一水准路线(图 2-3-2)和水准网。根据测区的情况不同,单一水准路线可布设成以下几种形式。①闭合水准路线:如图 2-3-2a)所示,从一个已知水准点 $BM_{Ⅰ}$ 出发,经过待测点 1、2、3、4,最后闭合回到 $BM_{Ⅰ}$ 点;②附合水准路线:如图 2-3-2b)所示,从一已知水准点 $BM_{Ⅰ}$ 出发,经过待测点 1、2、3,到达另一已知水准点 $BM_{Ⅱ}$;③支水准路线:如图 2-3-2c)所示,从一已知水准点 $BM_{Ⅰ}$ 出发,经过待测点 1、2 后结束,即不闭合也不附合。

理论上,闭合环各段高差的总和应等于零、附合水准路线各段高差的总和应等于两端已知水准点间的高差,这可以作为水准测量正确与否的检验条件。支水准路线应进行往、返水准测量(或者重复观测),往测高差总和与返测高差总和绝对值应相等,而符号相反。

(2)水准测量的实施。

由一水准点测至另一水准点时,当两点间距离较远或高差较大时,就需要分站测量,连续多次安置仪器以测出两点间的高差。

(3)水准测量的检核方法。

①变动仪器高法:在同一测站上用两次不同的仪器高度,测得两个高差以相互比较,进行检核。两次仪器高度变化应大于 10cm,如两次所测高差之差不超过容许值(如等外水准测量

容许值 ±6mm)，则认为观测合格，并取两次高差平均数作为此测站观测高差。超过容许值应进行重测。

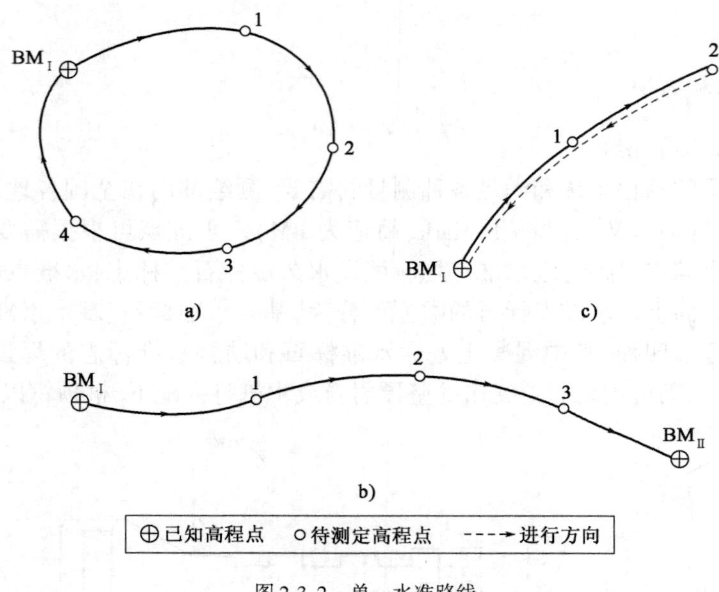


图 2-3-2 单一水准路线

②双面尺法：在同一测站保持仪器高度不变，分别两次瞄准水准尺的黑面和红面进行读数，观测两次，所得高差相互比较，进行检核。这样对每个测点既读黑面又读红面，黑面读数(加常数 $K$ 后)与红面读数之差以及两次所测高差之差不超过容许值(如四等水准容许值分别为 ±3mm 和 ±5mm)，则取高差平均值作为该测站观测高差。超过容许值应进行重测。

(4)水准测量的成果整理。

①高差闭合差的计算。

$$f_{\mathrm{h}} = \sum h_{测} - (H_{\mathrm{B}} - H_{\mathrm{A}})(\mathrm{m}) \tag{2-3-1}$$

②高差闭合差调整。

在同一水准路线上，可以认为每一测站的观测条件相同，即各站产生误差的机会相同，所以闭合差的调整可以按照与测站数(或测段距离)成正比、反符号来分配。则每一测站或每一千米改正数为：

$$-\frac{f_{\mathrm{h}}}{\sum n_i(l_i)}(\mathrm{mm}) \tag{2-3-2}$$

③待定点高程的计算。

根据检核过的改正后高差，由起始水准点开始，逐点推算待求点的高程，填入相应表格。

## 二、实验目的与要求

(1)掌握普通水准测量一个测站的工作程序和单一水准路线的施测方法。

(2)掌握普通水准测量的观测、记录、高差及闭合差的计算方法。

## 三、实验内容与设计

采用普通水准方法施测一条闭合水准路线，路线长度200～500m，设4～8站，高差闭合差符合规范要求(按下式计算)。

$$f_{h允} = \pm 12\sqrt{n}\,(\mathrm{mm}) \text{或} f_{h允} = \pm 40\sqrt{l}\,(\mathrm{mm}) \tag{2-3-3}$$

## 四、实验步骤

(1)拟定施测路线。在指导老师的安排下，选一已知点作为高程的起始点，选择一定长度(200～500m)、一定高差的路线作为施测路线。

(2)施测第一站。以高程已知点作为后视，在其上立尺，在施测路线的前方选择一适当的立尺点(转点1)作为前视，并且在其上立尺垫。然后分别读取后视、前视水准尺的读数。

(3)计算高差。第一站的高差为后视读数减去前视读数。

(4)仪器迁至第二站，第一站的前视尺不动变为第二站的后视尺，第一站的后视尺移到转点2上，变为第二站的前视尺，按与第一站相同的方法进行观测、记录、计算。

(5)按以上程序依选定的水准路线方向继续施测，直至回到起始水准点 $BM_I$ 为止，完成最后一个测站的观测记录。

(6)成果校核。

## 五、实验设备与器具

$DZS_3$ 水准仪1台、水准尺1对、尺垫1对、记录板1块。

## 六、实验成果及处理

(1)按要求完成外业表格的记录计算。

(2)计算水准路线的高差闭合差，并判断成果是否合格。

## 七、实验注意事项

(1)立尺员应认真立尺，立直。并用以上实验步骤，使各测站的前、后视距离基本相等。

(2)正确使用尺垫，尺垫只能放在转点处，已知高程点和待求高程点上均不能放置尺垫。

(3)同一测站，只能粗平一次(测站重测需重新粗平仪器)；但每次读数之前，均应检查水准管符合气泡是否居中，并注意消除视差。

(4)仪器未搬迁时，前、后视点上尺垫均不能移动。仪器搬迁后，后视点立尺员才能携尺和尺垫前进，但前视点上尺垫仍不能移动。若前视尺垫移动，则需从起点开始重测。

(5)测站数一般布置为偶数站。

## 八、实验学时分配

课内2学时。

## 九、实验报告模板

（1）实验目的。

（2）实验内容。

（3）实验记录与计算（表 2-3-1）。

**普通水准测量记录表**

表 2-3-1

仪器型号： 日期： 记录：

| 测站 | 测点 | 标尺读数（m） | | 高差（m） | | 高程（m） | 备注 |
|---|---|---|---|---|---|---|---|
| | | 后尺 | 前尺 | + | − | | |
| | | | | | | | |
| | | | | | | | |
| | | | | | | | |
| | | | | | | | |
| | | | | | | | |
| | | | | | | | |
| | | | | | | | |
| | | | | | | | |
| | | | | | | | |
| Σ | | | | | | | |
| | 计算检核 | $\sum a-\sum b=$<br>$H_B-H_A=$ | | | $\sum h=$<br>$H_B-H_A=\sum h=\sum a-\sum b$ | | |

$f_h=\sum h=$　　　　$f_{h允}=\pm 12\sqrt{n}$（mm）$=$

________（是、否）合格。

（4）实验数据处理。

表 2-3-1 中完成校核计算并判断是否合格。

（5）实验心得体会。

# 实验四　四等水准路线测量

## 一、基本概念和方法

### 1. 四等水准测量技术要求

四等水准路线的布设，在加密水准点时，多布设为附合水准路线的形式；在独立测区作为首级高程控制时，应布设成闭合水准路线的形式；在特殊情况下，可布设为支水准路线，但应作往返观测或单程双转点观测。《国家三、四等水准测量规范》(GB/T 12898—2009)对三、四等水准测量的主要技术要求见表2-4-1和表2-4-2。

**三、四等水准测量测站技术要求**　　表2-4-1

| 等级 | 水准仪的型号 | 视线长度(m) | 前后视距较差(m) | 前后视距累计差(m) | 视线高度(m) | 基本分划、辅助分划(黑、红面)读数较差(mm) | 基本分划、辅助分划(黑、红面)高差较差(mm) | 数字水准仪重复测量次数 |
|---|---|---|---|---|---|---|---|---|
| 三等 | $DS_3$ | ≤75 | ≤2 | ≤5 | 三丝能读数 | 2.0 | 3.0 | ≥3 |
| | $DS_1$、$DS_{05}$ | ≤100 | | | | 1.0 | 1.5 | |
| 四等 | $DS_3$ | ≤100 | ≤3 | ≤10 | 三丝能读数 | 3.0 | 5.0 | ≥2 |
| | $DS_1$、$DS_{05}$ | ≤150 | | | | | | |

注：1. 对于数字水准仪，用同一标尺两次观测所测高差较差执行基本分划、辅助分划高差较差的限差。
2. 相位法数字水准仪重复测量次数可为表中的数值减少一次。当数字水准仪在地面振动较大时，应暂时停止测量。无法回避时应随时增加重复测量次数。

**三、四等水准路线的技术要求**　　表2-4-2

| 等级 | 每千米高差中误差(mm) | 测段、路线往返测高差不符值(mm) | 附合或环线闭合差 | | 检测已测测段高差之差(mm) |
|---|---|---|---|---|---|
| | | | 平地(mm) | 山地(mm) | |
| 三等 | 3 | $\pm 12\sqrt{K}$ | $\pm 12\sqrt{L}$ | $\pm 15\sqrt{L}$ | $\pm 20\sqrt{R}$ |
| 四等 | 6 | $\pm 20\sqrt{K}$ | $\pm 20\sqrt{L}$ | $\pm 25\sqrt{L}$ | $\pm 30\sqrt{R}$ |

注：$K$为路线或测段的长度；$L$为附合路线或环线的长度；$R$为检测测段的长度。单位均为km。

### 2. 四等水准测量测站观测程序

三等水准测量每站的观测顺序如下：

照准后视标尺黑面(基本分划)，读取视距丝、中丝三丝读数；

照准前视标尺黑面(基本分划)，读取中丝、视距丝三丝读数；

照准前视标尺红面(辅助分划)，读取中丝读数；

照准后视标尺红面(辅助分划)，读取中丝读数。

这样的顺序简称为“后、前、前、后(黑、黑、红、红)”。四等水准测量每站的观测顺序为“后、后、前、前(黑、红、黑、红)”，也可采用三等水准测量的观测程序(就高不就低)。

### 3. 四等水准测量计算与校核

(1)读数校核：同一标尺红、黑面读数校核计算。

(2)视距计算:后视距、前视距、视距差、视距差累计值的计算。

(3)高差计算:黑面高差、红面高差、黑红面高差较差、高差平均值的计算。

(4)计算校核:高差部分,按页分别计算后视红、黑面读数总和与前视读数总和之差,它应等于红、黑面高差之和;视距部分,后视距总和与前视距总和之差应等于末站视距差累计值。在完成一测段单程测量后,须立即计算其高差总和。完成一测段往、返观测后,应立即计算高差闭合差,进行成果检核。

## 二、实验目的与要求

(1)掌握四等水准测量的观测、记录、高差及闭合差的计算方法。

(2)熟悉四等水准测量的主要技术指标,掌握测站及水准路线的检核方法。

## 三、实验内容与设计

采用四等水准测量方法施测一条闭合水准路线,路线长度200 ~ 500m,设4 ~ 8 站,高差闭合差符合规范要求[$f_{h允} = \pm 6\sqrt{n}$(mm)或$f_{h允} = \pm 20\sqrt{l}$(mm)]。

## 四、实验步骤

(1)拟定施测路线。

(2)四等水准测量测站观测程序如下:

①瞄准后视标尺黑面,精平,读取下丝、上丝、中丝读数。

②瞄准前视标尺黑面,精平,读取下丝、上丝、中丝读数。

③瞄准前视标尺红面,精平,读取中丝读数。

④瞄准后视标尺红面,精平,读取中丝读数。

这种观测程序简称为"后、前、前、后"。

(3)四等水准测量计算与技术要求:

①后(前)视距 = 后(前)视尺(下丝 - 上丝)×100。

式中,下(上)丝读数以米(m)为单位;后(前)视距长度应≤80m。

②后、前视距差 = 后视距 - 前视距应≤3m。

③视距累计差 = 前站累计差 + 本站视距差应≤10m。

④前(后)视黑、红面读数差 = 黑面读数 + 标尺常数 - 红面读数应≤3mm。

⑤黑(红)面高差 = 后视黑(红)读数 - 前视黑(红)读数。黑、红面高差之差 = 黑面高差 - 红面高差 ±0.1m,应≤5mm。

⑥高差中数 = [黑面高差 + (红面高差 ±0.1m)]/2。

(4)在已知水准点和第一个转点上分别立后视、前视水准尺,水准仪置于距两尺等距处。粗平后,按上述测站观测程序进行观测,并记入表格相应位置,进行测站计算与校核;各项指标均符合要求后方可迁站,否则,立即重测该站。

(5)仪器迁至第二站,第一站的前视尺不动变为第二站的后视尺,第一站的后视尺移到转点2上,变为第二站的前视尺,按与第一站相同的方法进行观测、记录、计算。

(6)按以上程序依选定的水准路线方向继续施测,直至回到起始水准点$BM_1$为止,完成最后一个测站的观测、记录、测站计算与校核。各站水准尺的移动与普通水准测量一样。

(7)计算高差闭合差及其允许值。$f_h = \sum h$,$f_{h允} = \pm 20\sqrt{l}$(mm)或$\pm 6\sqrt{n}$,当$|f_h| \leq |f_{h允}|$时,成果合格,否则需查明原因,返工重测。

## 五、实验设备与器具

自动安平($DZS_3$)水准仪1台、水准尺1对、尺垫1对、记录板1块。

## 六、实验成果及处理

(1)外业观测记录计算。

(2)测站检核计算。

(3)测段检核计算。

(4)水准路线检核计算。

## 七、实验注意事项

(1)立尺员应认真立尺,立直。并用正确的方法,使各测站的前、后视距离基本相等。

(2)正确使用尺垫,尺垫只能放在转点处,已知高程点和待求高程点上均不能放置尺垫。

(3)同一测站,只能粗平一次(测站重测需重新粗平仪器);但每次读数之前,均应检查水准管符合气泡是否居中,并注意消除视差。

(4)仪器未搬迁时,前、后视点上尺垫均不能移动。仪器搬迁后,后视尺立尺员才能携尺和尺垫前进,但前视点上尺垫仍不能移动。若前视尺垫移动,则需从起点开始重测。

(5)测站数一般布置为偶数站;为确保前、后视距离大致相等,可采用步测法;同时在施测过程中,应注意调整前后视距,以保证前后视距累计差不超限。

(6)施测中每一站均需现场进行计算和检核,确认测站各项指标均合格后才能迁站。水准路线测量完成后,应计算水准路线高差闭合差,高差闭合差应小于允许值方可收测,否则应查明原因,返工重测。

(7)实验中严禁专门化作业。小组成员的工种应进行轮换,保证每人担任到每一项工种。

## 八、实验学时分配

课内2学时。

## 九、实验报告模板

(1)实验目的。

(2)实验内容。

(3)实验记录(表2-4-3)。

(4)实验成果处理。

①水准路线外业观测数据及路线略图。

②水准路线测量成果计算与校核。

(5)实验心得体会。

**四等水准测量记录表**

表 2-4-3

仪器型号：　　　　　　小组：　　　　　　日期：　　　　　　记录：

| 测站编号 | 后尺 上丝 下丝 | 前尺 上丝 下丝 | 方向及尺号 | 标尺读数 | | K＋黑－红 | 高差中数 | 备注 |
|---|---|---|---|---|---|---|---|---|
| | 后距 | 前距 | | 黑面 | 红面 | | | |
| | 视距差 $d$ | $\sum d$ | | | | | | |
| | | | 后 | | | | | |
| | | | 前 | | | | | |
| | | | 后－前 | | | | | |
| | | | | | | | | |
| | | | 后 | | | | | |
| | | | 前 | | | | | |
| | | | 后－前 | | | | | |
| | | | | | | | | |
| | | | 后 | | | | | |
| | | | 前 | | | | | |
| | | | 后－前 | | | | | |
| | | | | | | | | |
| | | | 后 | | | | | |
| | | | 前 | | | | | |
| | | | 后－前 | | | | | |
| | | | | | | | | |
| | | | 后 | | | | | |
| | | | 前 | | | | | |
| | | | 后－前 | | | | | |
| | | | | | | | | |
| | | | 后 | | | | | |
| | | | 前 | | | | | |
| | | | 后－前 | | | | | |
| | | | | | | | | |
| | | | 后 | | | | | |
| | | | 前 | | | | | |
| | | | 后－前 | | | | | |
| | | | | | | | | |

# 实验五　全站仪的认识与使用

## 一、基本概念和方法

### 1. 全站仪的构造

全站仪是全站型电子速测仪的简称,它集电子经纬仪、光电测距仪和微处理器于一体。图2-5-1所示为索佳SET10系列全站仪。

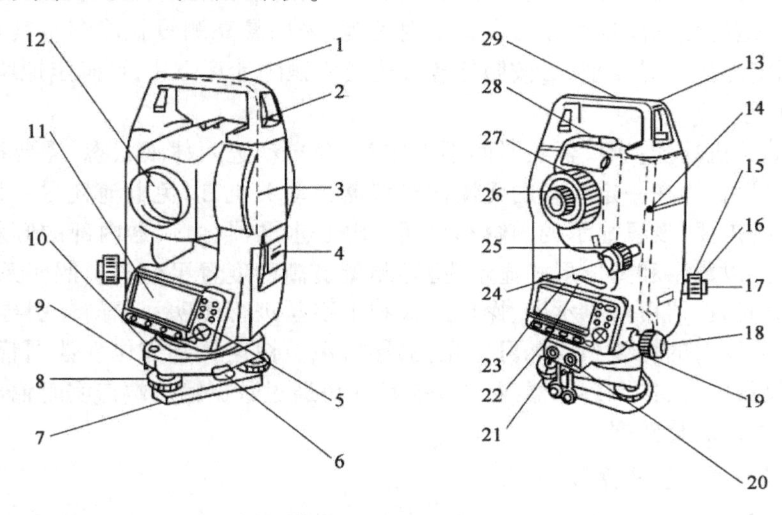


图2-5-1　索佳SET10系列全站仪

1-提柄;2-提柄固定螺丝;3-仪器高标志;4-池护盖;5-操作面板;6-三角基座制动控制杆;7-底板;8-脚螺旋;9-圆水准器校正螺旋;10-圆水准器;11-显示窗;12-物镜;13-管式罗盘插口;14-无线遥控键盘感应位置;15-光学对中器调焦环;16-光学对中器分划板护盖;17-光学对中器目镜;18-水平制动钮;19-水平制动手轮;20-数据输入输出插口;21-外界电源插口;22-照准部水准器;23-照准部水准器校正螺旋;24-垂直制动钮;25-垂直微动手轮;26-望远镜目镜;27-望远镜调焦环;28-粗照准器;29-仪器中心标志

### 2. 全站仪的功能

全站仪在仪器照准目标后,通过微处理器的控制,能自动完成测距、水平方向和天顶距读数、观测数据的显示、存储等功能。

(1)角度测量。

全站仪具有电子经纬仪的测角系统,除一般的水平角和竖直角测量外,还具有以下附加功能:水平角设置、任意方向值的锁定(照准部旋转时方向值不变)、右角/左角的测量(照准部顺时针旋转时角值增大/照准部逆时针旋转时角值增大)、角度重复测量模式(多次测量取平均值)、竖直角显示变换、角度单位变换、角度自动补偿等。

(2)距离测量。

全站仪具有光电测距仪的测距系统,除了能测量仪器至反射棱镜的距离(斜距)外,可进行测距模式的变换、设置测距精度、斜距归算等。还可根据全站仪的类型、反射棱镜数目和气象条件,改变其最大测程,以满足不同的测量目的和作业要求。

(3)坐标测量和放样。

对仪器进行必要的参数设定后,全站仪可直接测定点的三维坐标,如在地形测量数据采集或工程施工放样时使用可大大提高作业效率。

(4)自由设站、对边测量、悬高测量和面积测量。

自由设站:全站仪自由设站功能是通过测量待定测站点到各个已知点的方向、天顶距和距离,解算出待定测站点坐标和高程,然后进行后续的坐标测量或放样。对边测量:对边测量是在不移动仪器的情况下,测量两棱镜站点间斜距、平距、高差、方位、坡度的功能。悬高测量:如架空的电线和管道等因远离地面无法设置反射棱镜,采用悬高测量就能测量其高度。面积测量:通过顺序测定地块边界点坐标,按照任意多边形面积的计算方法,可确定地块面积。

(5)辅助功能。

休眠和自动关机功能:当仪器长时间不工作时,会自动进入休眠状态,需要操作时可按功能键唤醒。也可设置为在一定时间内无操作时仪器自动关机,以免电池耗尽。显示内容个性化:可根据用户的需要,设置显示的内容和页面。电子水准器:由仪器内部的倾斜传感器检测竖轴的倾斜状态,以数字和图形形式显示,指导测量员高精度置平仪器。照明系统:在夜晚或黑暗环境下观测时,仪器可对显示屏、操作面板和十字丝进行照明。导向光引导:在进行放样作业时,利用仪器发射的持续和闪烁可见光,引导持镜员快速找到方位。数据管理功能:测量数据可存储到仪器内存、扩展存储器(如 PC 卡),还可通过数据输出端口实时输出到其他记录设备中,以实时查询测量数据。

3. 全站仪的对中、整平操作

测量开始之前,须先安置全站仪,包括对中和整平两部分。对中的目的是使仪器中心(竖轴)与测站点位于同一铅垂线上,可以用光学或激光对中器对中,对中精度均可达 1 ~ 2mm,激光对中器对中操作上更加方便迅速。整平的目的是使仪器的竖轴竖直,同时使水平度盘处于水平位置,通过水准器或电子气泡进行整平。对中、整平两个操作既互相区别,又互相影响,需要反复进行。使用光学对中器和水准器进行对中、整平的步骤如下:

(1)将三脚架安置在测站上,使架头大致水平、高度适中,将经纬仪安放在三脚架上,用中心螺旋连接并适当拧紧,同时将脚螺旋调至中间位置。

(2)旋转光学对中器目镜,使分划板上圆圈成像清晰,拉或推动目镜(即调节光学对中器物镜焦距)使地面测站点成像清晰。

(3)通过光学对中器目镜观察,同时手握两个架腿移动使测站点进入视场。

(4)旋转脚螺旋使光学对中器中心对准测站点,或者略微松开三脚架连接螺旋,在架头上平移仪器,使对中器目镜中观察到的圆圈中心对准测站点后拧紧连接螺旋。

(5)调节三脚架架腿的长度,使圆水准气泡居中。

(6)用脚螺旋精确整平照准部的水准管:如图 2-5-2a)所示,先使水准管平行于两个脚螺旋,旋转平行于水准管方向的两个脚螺旋,使气泡居中。然后转动照准部 90°,使水准管处于位置垂直,如图 2-5-2b)所示,并调节第三个脚螺旋,使气泡居中,这样反复几次,直至照准部旋转到任何位置,水准管气泡均居中为止。

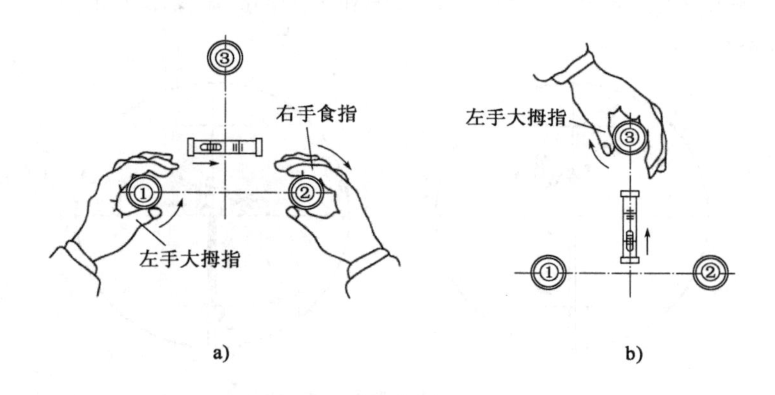


图 2-5-2　全站仪整平

(7)精平水准管的过程可能会破坏仪器对中,因此如果观察到光学对中器中心偏离了测站点,则需稍微松开三脚架连接螺旋,在架头上平移仪器,使对中准确后拧紧螺旋。

(8)重新精平仪器,如精平后对中仍然有少量偏移,则需再对中、精平,如此反复操作,直至仪器同时满足对中和整平的要求。

## 二、实验目的与要求

(1)根据测角原理掌握全站仪的构造特点。

(2)认识全站仪的基本结构、主要部件名称和作用、轴系关系。

(3)掌握全站仪的基本操作和测量方法。

(4)熟悉全站仪的基本测量功能。

## 三、实验内容与设计

(1)认识仪器的主要部件、轴系、螺旋的名称和作用。

(2)认识面板的主要操作及基本测量功能。

(3)了解全站仪基本测量参数设置。

(4)练习使用全站仪进行角度测量、距离测量等基本工作。

## 四、实验步骤

(1)认识全站仪的各操作部件,掌握其使用方法。

全站仪一般分为照准部、水平度盘和基座三个部分。

①照准部。

②水平度盘。

③基座。

(2)掌握全站仪的基本操作。

①对中。

②整平。

对中和整平相互影响,需反复进行,直至对中和整平均满足要求为止。

③瞄准(图 2-5-3)。

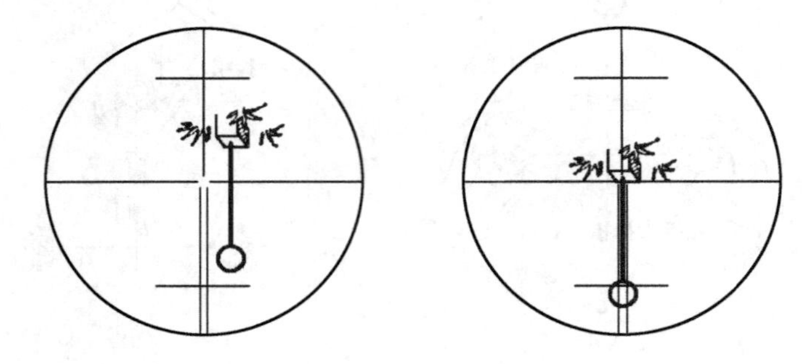

图 2-5-3　水平角测量瞄准照准标志的方法

④读数。

(3)找一个固定点进行全站仪的基本操作练习。

①练习使用光学对中器对中、整平全站仪的方法(或者是激光对中、整平)。

②练习使用望远镜精确瞄准目标、调焦、消除视差的方法。

③度盘读数练习,并将读数记入实验表格中。

④练习配置水平度盘并读数。

## 五、实验设备与器具

全站仪 1 台,小三脚架 1 套,棱镜及对中杆 1 套,记录板 1 块。

## 六、实验成果及处理

(1)掌握对中整平的操作步骤。

(2)熟悉全站仪观测、读数与记录、计算。

(3)学会数据检核。

## 七、实验注意事项

(1)全站仪功能多、结构比较复杂,自动化、智能化程度较高,在使用时必须严格遵守操作规程,注意爱护仪器。

(2)开箱后应先看清仪器在箱内的放置情况;然后用双手取出仪器并立即关箱,将仪器安放到三脚架上时,必须是一只手抓住仪器一侧支架,另一只手托住基座底部,将仪器放置到三脚架上并立即旋紧中心连接螺旋;在架头上移动全站仪完成对中后,也应立即旋紧中心连接螺旋,以防仪器从脚架上掉下摔坏。

(3)操作仪器时,用力要均匀。转动照准部或望远镜,要先松开制动螺旋,切不可强行转动仪器。旋紧制动螺旋时,也不宜用力过大。微动螺旋、脚螺旋均有一定的调节范围,应尽量使用中间部分。

(4)仪器装箱时要松开水平制动和竖直制动螺旋。竖盘自动归“0”,全站仪装箱时,要把自动归零开关旋到“OFF”位置。

(5)在阳光下使用全站仪测量时,严禁用望远镜对准太阳。

(6)仪器、反光镜站必须有人看守。观测时应尽量避免两侧和后面反射物所产生的信号干扰。

(7)开机后先检测信号,停测时随时关机。

(8)更换电池时,应先关断电源开关。

## 八、实验学时分配

课内 2 学时。

## 九、实验报告模板

(1)实验目的。

(2)实验内容。

(3)实验数据记录与计算(表 2-5-1、表 2-5-2)。

**水平角、水平距离测量练习记录表**　　表 2-5-1

| 测站 | 盘位 | 目标 | 水平度盘读数<br>(° ′ ″) | 水平角值<br>(° ′ ″) | 平均值<br>(° ′ ″) | 水平距离<br>(m) |
| --- | --- | --- | --- | --- | --- | --- |
| | | | | | | |
| | | | | | | |
| | | | | | | |
| | | | | | | |
| | | | | | | |
| | | | | | | |
| | | | | | | |
| | | | | | | |
| | | | | | | |
| | | | | | | |
| | | | | | | |
| | | | | | | |
| | | | | | | |
| | | | | | | |
| | | | | | | |
| | | | | | | |

**竖直角测量练习记录表** 表 2-5-2

| 测站仪高 | 目标镜高 | 盘位 | 竖直度盘读数<br>(° ′ ″) | 竖直角<br>(° ′ ″) | 竖直角平均值<br>(° ′ ″) | 竖盘指标差 |
|---|---|---|---|---|---|---|
| | | | | | | |
| | | | | | | |
| | | | | | | |
| | | | | | | |
| | | | | | | |
| | | | | | | |

(4)实验成果处理。

完成记录表的填写与检查计算,并判断是否合格。

(5)实验心得体会。

# 实验六　全站仪角度测量综合实验

## 一、基本概念和方法

### 1. 角度测量原理

水平角是指地面一点到两个目标点的连线在水平面上产生的投影的夹角。如图 2-6-1 所示，$\beta$ 角即为从地面点 $B$ 到目标点 $A$、$C$ 所形成的水平角，$B$ 点也称为测站点。水平角的取值范围为 0°～360°。由图 2-6-1 还可以看出，水平角 $\beta$ 是通过方向线 $OA$ 和 $OC$ 的两个竖直面所形成的二面角。水平角可以在两个竖面交线上的任一点进行测量。因此，可以设想在测站点 $B$ 的上方水平安置一个有分划的度盘，度盘的中心点 $O$ 刚好位于过点 $B$ 的铅垂线上。然后在度盘的上方安装一个望远镜，望远镜能够在水平面内和铅垂面内旋转，便于瞄准不同方向和不同高度的目标。为了测出水平角的大小，还要有一个用于指示读数的指标，当望远镜转动的时候，指标也随之一起转动。当望远镜瞄准目标点 $A$ 时，读数指标指向水平度盘上的分划 $a$，当望远镜瞄准目标点 $C$ 时，读数指标指向水平度盘上的分划 $c$，假设度盘的分划是顺时针注记的，则水平角 $\beta = c - a$。

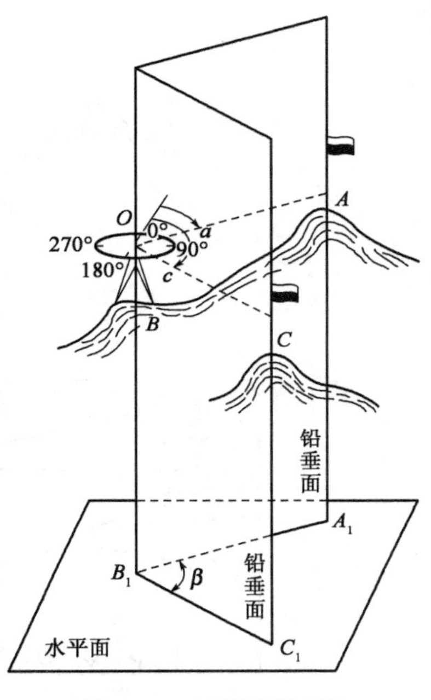


图 2-6-1　水平角测量原理

竖直角是指在过目标方向的竖直平面内，目标方向与水平方向之间的夹角。竖直角的取值范围为 -90°～90°。当目标方向位于水平线之上时为仰角，取正值；当目标方向位于水平线之下时为俯角，取负值。而天顶方向与目标方向之间的夹角称为天顶距，天顶距的取值范围为 0°～180°，同一目标方向的天顶距与竖直角之和为 90°。为了能测量出某一目标方向的竖直角，可以使用类似水平角测量的方法，在过目标方向的竖直面内安置一个有刻划的竖直度盘来进行测量。如图 2-6-2 中要测 $BA$ 的竖直角，可以将竖直度盘安置在过 $BA$ 的竖直面内，将望远镜与竖直度盘固定在一起，当望远镜在竖直面内转动时，也会带动度盘一起转动。此时通过观测 $BA$ 和水平视线与度盘的交线分别可得到两个读数，两读数之差即为竖直角。由于水平视线读数的理论值可由竖盘注记形式确定，当仪器安置好之后，水平视线读数的理论值应该是一个固定不变的标准值，因此测量竖直角时，只需要读取目标方向的读数，即可算得该目标方向的竖直角。

### 2. 测回法水平角测量方法

在角度观测中，为了消除仪器的某些误差，需要用盘左和盘右两个位置进行观测。盘左又称正镜，就是观测者面对望远镜的目镜时，竖盘放置在望远镜的左边；盘右又称倒镜，是指观测者面对望远镜目镜时，竖盘放置在望远镜的右边。工程上常用的水平角观测方法有测回法和方向观测法，如图 2-6-3 所示。测回法的观测程序如下。

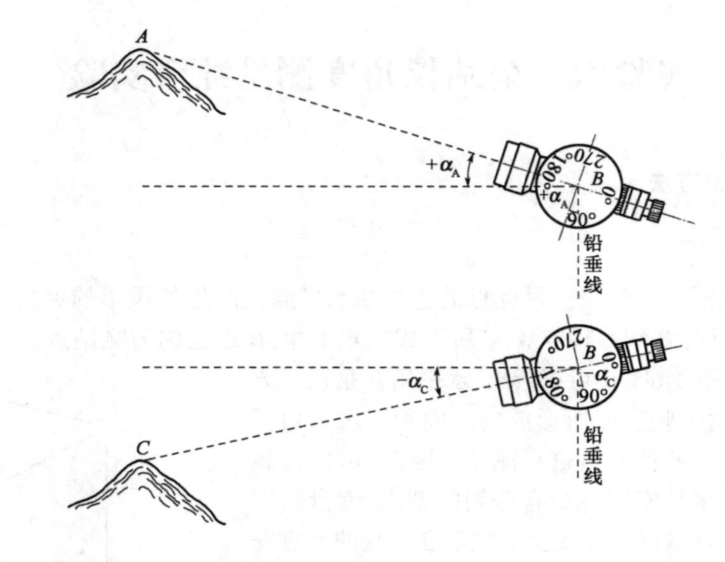


图 2-6-2　竖直角测量原理

图 2-6-3　测回法观测

(1)安置好全站仪(对中整平),仪器为盘左位置,精确瞄准左边目标点 $A$,注意消除视差,然后读取水平度盘读数,设读数 $a_1$ 为 0°01′12″,记入记录手簿,见表 2-6-1。松开水平制动螺旋,顺时针转动照准部,同样用盘左位置瞄准右边目标点 $B$,读取水平度盘读数,设读数 $b_1$ 为 57°18′48″,记入手簿。

**测回法观测记录手簿**　　　　表 2-6-1

| 测站 | 盘位 | 目标 | 水平度盘读数<br>(° ′ ″) | 半测回角值<br>(° ′ ″) | 一测回角值<br>(° ′ ″) | 备注 |
|---|---|---|---|---|---|---|
| $B$ | 左 | $A$ | 0 01 12 | 57 17 36 | 57 17 42 | $A$　$C$<br>$\beta$<br>$B$ |
| | | $C$ | 57 18 48 | | | |
| | 右 | $A$ | 180 01 06 | 57 17 48 | | |
| | | $C$ | 237 18 54 | | | |

以上用盘左进行测角的过程称为上半测回观测。则上半测回所测水平角为:

$$\beta_{左} = b_1 - a_1 = 57°17'36''$$

(2)纵转望远镜(倒镜),转变为盘右位置,先精确瞄准右边的目标点 $B$,注意消除视差,读取水平度盘读数,设 $b_2$ 为 237°18′54″,记入手簿。再逆时针旋转照准部瞄准左边目标点 $A$,读取水平度盘读数,设 $a_2$ 为 180°01′06″,记入手簿。

以上用盘右进行测角的过程,称为下半测回观测,则下半测回水平角为:

$$\beta_{右} = b_2 - a_2 = 57°17'48''$$

上、下半测回称一测回。要求 $DJ_6$ 级光学经纬仪的上、下半测回角度之差不大于 40″,取其平均值作为一测回角值,即:

$$\beta = (\beta_{左} + \beta_{右})/2 = 57°17'42''$$

3. 竖直角测量方法

若竖盘为顺时针注记,如图 2-6-4 所示,当视线水平时,盘左读数为 90°,盘右为 270°。当盘左望远镜上仰时,读数减少;而盘右望远镜上仰时,读数增加。

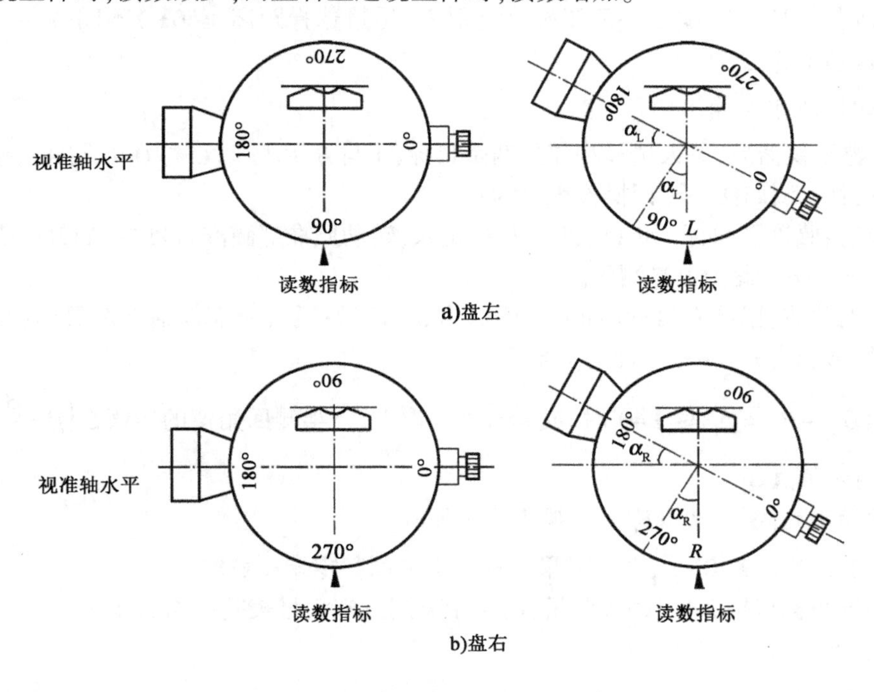


图 2-6-4　顺时针注记的竖盘形式

设 $L$、$R$ 分别为盘左、盘右瞄准目标时的竖盘读数,则顺时针注记竖盘竖直角计算公式为:

$$\left.\begin{aligned} \alpha_{左} &= 90° - L \\ \alpha_{右} &= R - 270° \end{aligned}\right\} \tag{2-6-1}$$

一测回的竖直角值为:

$$\alpha = (\alpha_{左} + \alpha_{右})/2 = (R - L - 180°)/2 \tag{2-6-2}$$

实验过程中若仪器存在指标差,则观测、计算竖直角时应考虑指标差的影响。

## 二、实验目的与要求

(1)掌握全站仪测回法观测水平角的方法及工作程序。

(2)掌握测回法水平角观测的记录、计算方法及各项限差要求。

(3)掌握电磁波测距的基本原理及全站仪测距的实施过程。

## 三、实验内容与设计

在一个测站点上,选择3~5个目标,各组每人轮换,采用测回法观测两个目标之间的水平夹角为一测回。各相邻观测角组合成一个圆周,各观测水平角值之和与理论值360°之差为角度闭合差,依据角度闭合差进行成果校核;选择1~2个目标,进行竖直角测量。

## 四、实验步骤

在测站点上安置全站仪,在距测站一定距离(尽量选择距离≥50m)不同方向上选择或安置目标(棱镜)$A$、$B$、$C$、$D$。

### 1. 测回法测水平角

对中、整平仪器后,每人选择相邻的两个目标($A$与$B$、$B$与$C$、$C$与$D$、$D$与$A$),按测回法进行水平角观测。测回法一测回操作程序为:

(1)盘左:瞄准左目标(如$A$),读数为$a$,记录;转动照准部瞄准右目标(如$B$);读数为$b$,记录。则$\beta_{左}=b-a$。此为上半测回。

(2)盘右位置:瞄准右目标(如$B$),读数为$b'$,记录;逆转照准部瞄准左目标(如$A$);读数为$a'$,记录。则$\beta_{右}=b'-a'$。此为下半测回。

(3)当$\beta_{左}-\beta_{右}=\Delta\beta\leqslant\pm40''$时,成果合格。取上、下半测回角值的均值$\beta$ $\left(\beta=\dfrac{\beta_{左}+\beta_{右}}{2}\right)$作为该角一测回角值。

(4)轮换观测人员,按同样方法观测其他各角。

(5)当$\sum\beta$测$\leqslant\pm40''\sqrt{n}$,全组成果合格。半测回归零差≤±18″。

(6)瞄准目标棱镜,进行距离测量,两次距离测量应满足较差在5mm以内。

### 2. 竖直角测量

(1)在指定的控制点$A$上架设全站仪,完成对中、整平工作;在另一控制点$B$处竖立目标(棱镜),进行对中整平操作。

(2)转动照准部及望远镜,盘左使十字丝中丝切准目标$B$棱镜中心。

(3)开启竖轴补偿功能开关,或调节竖盘指标水准管微动螺旋,使竖盘指标水准管气泡居中。

(4)读取竖盘读数$L$并记录,计算竖直角:$\alpha_{L}=90°-L$(全圆顺时针刻划)。

(5)盘右用中丝截准目标$B$棱镜中心。

(6)开启竖轴补偿功能开关,或调节竖盘指标水准管微动螺旋,使竖盘指标水准管气泡居中。

(7)读取竖盘读数 $R$ 并记录，计算竖直角：$\alpha_R = R - 270°$（全圆顺时钟刻划）。

(8)计算竖直角平均值和指标差。

一测回竖直角：

$$\alpha = \frac{1}{2}(\alpha_L + \alpha_R) \text{或} \alpha = \frac{1}{2}(R - L - 180°) \tag{2-6-3}$$

指标差：

$$\alpha = \frac{1}{2}(L + R - 360°) \tag{2-6-4}$$

## 五、实验设备与器具

全站仪 1 台、脚架 1 个、对中杆和棱镜 2 套，记录板 1 块。

## 六、实验成果及处理

(1)测回法水平角观测表格记录计算。

(2)距离观测表格记录计算。

(3)竖直角观测表格记录计算。

(4)数据计算检核。

## 七、实验注意事项

(1)观测过程中应随时注意水准管气泡（电子气泡）是否居中。

(2)观测过程中，同一测回上下半测回之间一般不允许重新整平，确有必要时（如照准部水准管气泡偏离居中位置大于 1 格），重新整平后需要重测该测回。不同测回之间允许在测回间重新整平仪器。

(3)记录员听到观测员读数后应向观测员回报，经观测员默许后方可记入手簿，以防听错而记错。

(4)测回间首方向盘左水平度盘读数应按 $180°/n$（$n$ 为测回数）配置度盘。

(5)测竖直角时一定要用中丝准确切准目标。读竖盘读数时注意竖盘指标水准管气泡要居中。

(6)记录应保持干净、整洁，计算应准确、完整。

(7)观测水平度盘读数时不需要按测量键，仅当进行距离测量时才按测量键。

## 八、实验学时分配

课内 4 学时。

## 九、实验报告模板

(1)实验目的。

(2)实验内容。

(3)实验数据记录与计算（表 2-6-2、表 2-6-3）。

**水平角、水平距离测量记录表** 表 2-6-2

| 测站 | 盘位 | 目标 | 水平度盘读数 (° ′ ″) | 水平角值 (° ′ ″) | 平均值 (° ′ ″) | 水平距离 (m) |
|---|---|---|---|---|---|---|
| | | | | | | |
| | | | | | | |
| | | | | | | |
| | | | | | | |
| | | | | | | |
| | | | | | | |
| | | | | | | |
| | | | | | | |
| | | | | | | |
| | | | | | | |
| | | | | | | |
| | | | | | | |
| | | | | | | |
| | | | | | | |
| | | | | | | |
| | | | | | | |

**竖直角测量记录表** 表 2-6-3

| 测站 仪高 | 目标 镜高 | 盘位 | 竖直度盘读数 (° ′ ″) | 竖直角 (° ′ ″) | 竖直角平均值 (° ′ ″) | 竖盘指标差 (″) |
|---|---|---|---|---|---|---|
| | | | | | | |
| | | | | | | |
| | | | | | | |

(4)实验成果处理。

完成记录表的填写与成果检核计算。

(5)实验心得体会。

# 实验七　全站仪三维导线测量

## 一、基本概念和方法

### 1. 三角高程测量原理与方法

全站仪可进行三角高程测量。如图 2-7-1 所示,欲测定 $A$、$B$ 两点间的高差 $h_{AB}$,在 $A$ 点上安置全站仪,$B$ 点竖立棱镜,量取仪器高 $i$ 和目标(棱镜)高 $v$。用望远镜照准点 $B$ 上的棱镜,若测得竖直角 $\alpha$,两点间的水平距离 $D$,则两点间的高差为:

$$h_{AB}=D\cdot\tan\alpha+i-v \tag{2-7-1}$$

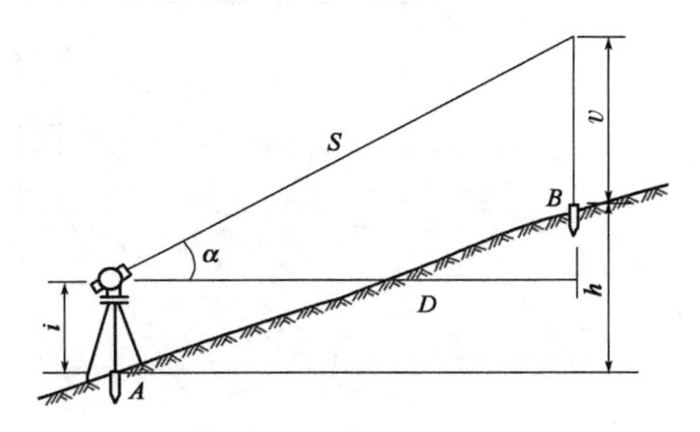


图 2-7-1　三角高程测量原理

仪器设置在高程已知点,观测该点与未知点之间的高差称为直觇;反之,仪器设置在未知点,测定该点与已知高程点之间的高差称为反觇,采用直觇和反觇观测两点的高差称为对向观测。实际观测过程中应考虑地球曲率和大气折光的影响,两点间高差可按下式计算:

$$h_{AB}=D\cdot\tan\alpha+i-v+(1-K)\frac{D^2}{R} \tag{2-7-2}$$

式中:$K$——折光系数;

$R$——地球半径。

### 2. 三维坐标测量原理与方法

如图 2-7-2 所示,$B$ 为测站点,$A$ 为后视点,已知 $A$、$B$ 两点的三维坐标分别为($N_A$,$E_A$,$Z_A$)和($N_B$,$E_B$,$Z_B$),用全站仪测量 1 号点的三维坐标($N_1$,$E_1$,$Z_1$),其计算公式如下:

$$\begin{cases}N_1=N_B+S\cos\tau\cos\alpha_{B1}\\E_1=E_B+S\cos\tau\sin\alpha_{B1}\\Z_1=Z_B+S\sin\tau+i-l\end{cases} \tag{2-7-3}$$

上式计算由全站仪内置程序(软件)完成,通过操作键盘即可直接得到测点坐标。全站仪三维坐标测量的观测步骤如下:

(1)在测站点安置全站仪,量取仪器高。

(2)设置距离测量模式、棱镜常数、气象改正值等基本参数。

(3)选择坐标测量模式(进入坐标测量菜单)。

(4)测站设置,输入测站点坐标和仪器高。

(5)设置后视方向。分角度和坐标定向两种方法设置,瞄准后视点目标,直接输入后视边方位角或输入后视目标点坐标。也可调用仪器内存数据文件中的后视点坐标来设置后视方向。

(6)输入棱镜高。

(7)测量待测点坐标。在待测点安置棱镜,转动望远镜瞄准棱镜中心,按坐标测量(距离测量)键即可测得待测点三维坐标。

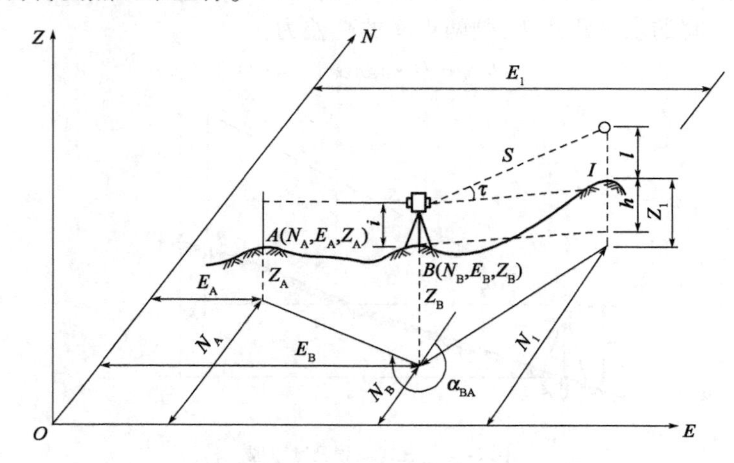


图 2-7-2　三维坐标测量原理

3. 三维导线测量原理与方法

将全站仪安置在已知点 $i$($i$ 点坐标在前一站已测出),棱镜安置在待测点($i+1$),如图 2-7-3 所示。利用全站仪三维坐标测量功能,输入 $i$ 点已知坐标、高程及仪器高、棱镜高后,后视已知点($i-1$)并输入($i-1$)点坐标或该方向方位角进行定向,然后照准导线点($i+1$)上的棱镜进行观测,即可测得($i+1$)点的三维坐标。依照此法,一直观测至 $C$ 点。

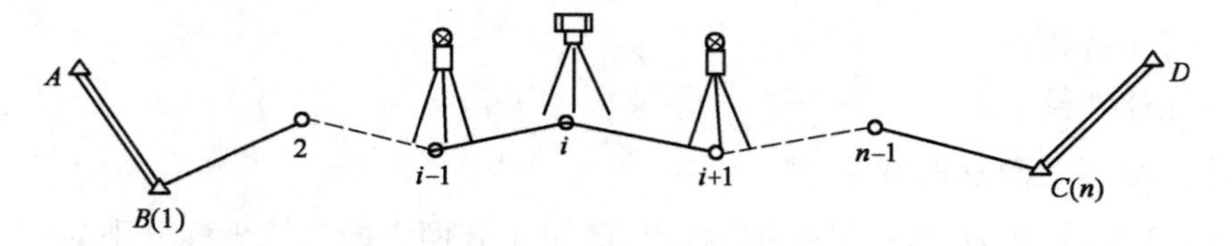


图 2-7-3　三维导线测量

4. 导线近似平差计算

计算步骤如下:

(1)计算三维导线闭合差。

(2)计算导线全长相对闭合差及高差闭合差,并判断其是否满足相应规范要求的限差值,导线成果是否合格,若合格则进行下一步计算,否则应查明原因,返工重测。

(3)计算各导线点的三维坐标改正值。

(4)计算改正后的各导线点三维坐标。

## 二、实验目的与要求

(1)了解导线测量的工作内容和方法,进一步提高测量技术水平。

(2)掌握全站仪三维坐标测量的方法和实施步骤。

(3)掌握三维导线近似平差计算步骤。

## 三、实验内容与设计

根据起算数据(已知点的坐标和边的方位角),利用全站仪三维坐标测量的功能,施测指定闭合导线(任意的三角形或四边形),求算各导线点的坐标。

## 四、实验步骤

(1)在实验区域选取三个点,组成一个闭合的三角形,各边的长度应尽量大于30m,并且三边长度要大致相等(目测即可)。

(2)首先在$A$点架设仪器,对中、整平后,瞄准后视方向(给定的已知方向)进行定向;输入测站的数据(测站点的坐标、已知的后视方位角、仪器高度和反光镜的高度)。

(3)瞄准$B$点进行测量并记录下点的三维坐标和$AB$方向。

(4)搬站至$B$点,瞄准$A$点进行后视定向;测量$C$点的坐标及$BC$方向。

(5)搬站至$C$点,瞄准$B$点进行后视定向;测量$A$点的坐标及$CA$方向。

(6)根据$A$点的已知坐标计算出导线的全长相对闭合差,检核成果。

## 五、实验设备与器具

全站仪1台、脚架1个、对中杆和棱镜2套,记录板1块。

## 六、实验成果及处理

(1)外业观测表格记录计算。

(2)通过三维导线近似平差计算,得出各导线点坐标值成果。

## 七、实验注意事项

(1)实验区域导线布设,其边长可能比较短,观测过程中应特别注意严格居中,减少相关误差对观测结果的影响。

(2)观测过程中全站仪和棱镜安置点须有人看守,以防设备倾倒。

(3)目标棱镜的瞄准应准确,消除视差,瞄准棱镜的中心点。

(4)迁站过程中,仪器应放入仪器箱,收拢脚架,保证仪器设备安全。

(5)每站测量时,应特别注意目标高和仪器高度的量取和输入。

(6)换站测量时,应重新后视定向,并进行测站设置和检查。

## 八、实验学时分配

课内 2 学时。

## 九、实验报告模板

(1)实验目的。

(2)实验内容。

(3)实验数据记录与计算(图 2-7-4、表 2-7-1)。

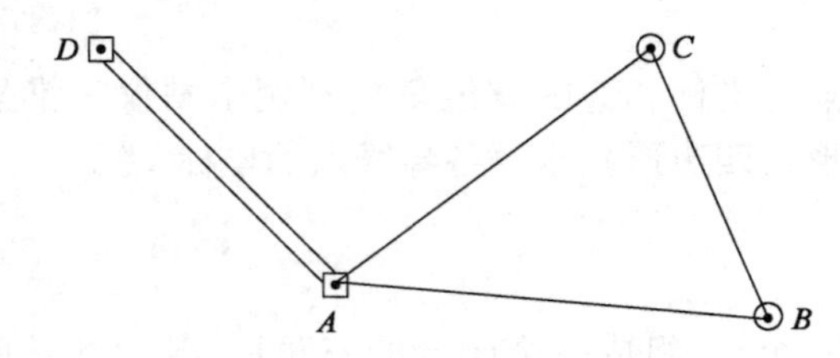


图 2-7-4　实验三维导线示意图

**三维导线测量记录表**　　表 2-7-1

| 测站 | 仪器高(m) | 点号 | | 方位角(° ′ ″) | 镜高(m) | 测点(前视点)三维坐标 | | |
|---|---|---|---|---|---|---|---|---|
| | | 后视 | 前视 | | | $X$(m) | $Y$(m) | $H$(m) |
| *A* | | *D* | | 60　30　45 | | | | |
| | | | *B* | | | | | |
| | | | | | | | | |
| | | | | | | | | |
| | | | | | | | | |
| | | | | | | | | |
| | | | | | | | | |
| | | | | | | | | |
| | | | | | | | | |
| | | | | | | | | |
| 辅助计算: | | | | | | | | |

已知 *A* 点坐标:*X* 为 1000. 000m,*Y* 为 2000. 000m,*H* 为 78. 375m;*A*-*D* 点方位角为 60°30′45″(全站仪一般输入 60. 3045)。

(4)导线近似平差计算;成果计算(计算各点改正之后的三维坐标值)。

(5)实验心得体会。

# 实验八　全站仪数字测图外业数据采集

## 一、基本概念和方法

### 1. 数字测图概念

20 世纪 70 年代起，随着光电测距和计算机技术在测绘领域的广泛应用，产生了全站型电子速测仪及计算机辅助制图系统，两者结合逐步形成了一套从野外数据采集到内业制图实现了全过程数字化的大比例尺地形测图方法，即所谓野外数字测图技术，简称为数字化测图。该技术的基本原理是采集地面上的地物、地貌要素的三维坐标以及描述其性质与相互关系的信息后，录入计算机，借助于计算机绘图系统的处理，显示、输出与传统地形图表现形式相同的地形图。其中，将地物、地貌要素转换为数字信息这一过程称为数据采集。计算机绘图系统是用专业的数字化地形图编辑成图软件，通过人机交互的方式，或录入计算机识别的信息，自动将野外采集的数据编辑成地形图。

数字化测图系统是以计算机为核心，在外接输入、输出设备和软件的支持下，对空间数据及相关属性信息进行采集、输入、处理、绘图、输出、管理的测绘系统。数字化测图系统主要由地形数据采集系统、数据处理与成图系统、图形输出设备三部分组成。其工作流程为：地形数据采集→数据处理与成图→成果与图形输出。

### 2. 野外数据采集模式

大比例尺数字地形图野外测绘的方法目前主要是使用全站仪和 GNSS-RTK 等测量仪器设备和技术，在实地采集地形图全部要素信息后，以电子数字形式记录测量数据，再经过计算机的进一步处理，生成数字地形图。与传统测图不同，数字化测图在进行外业采集时，必须在工作现场以计算机能够识别的数字形式采集和记录测点的连接关系及地形实体的地理属性。野外数据采集的作业模式取决于所使用仪器和数据的记录方式。目前野外数据采集主要有三种模式：草图法数字测记模式、电子平板测绘模式和 GNSS-RTK 测绘模式。目前常用的是草图法数字测记模式。这是一种野外测记、室内成图的数字测图方法。使用的仪器是带内存的全站仪，该仪器将野外采集的数据传输到计算机，结合工作草图利用数字化成图软件对数据进行处理，再经人机交互编辑形成数字地图。这种作业模式的特点是精度高、内外业分工明确，便于人员分配，从而具有较高的成图效率。

数字化测图需对各地物特征点按一定的规则赋予编码。按数字测记模式采集数据时，通常根据是否在采集时输入确定特征点间相互关系的编码将数据采集分为有码作业和无码作业两种方式。有码作业是用约定的编码表示地形实体的地理属性和测点的连接关系，野外测量时，除将碎部点的坐标数据记录在全站仪的内存中外，还需将对应的编码人工输入到全站仪内存，最后与测量数据一起录入计算机，数字化成图软件通过对编码的处理就能自动生成数字地形图。对于地形复杂的区域，需绘制简单明了的工作草图用于内业处理后进行图形检查和图形编辑时参考。采用有码作业的方式具有作业效率高、成图方便等特点，但该方法需要记忆和输入编码，对观测人员素质要求较高，作业难度较大，成图过程不够直观，数据出错不易检查，因此实际作业中较少使用有码作业。无码作业是用草图来描述测点的连接关系和实体的地理属性,在进行野外测量时,仅将碎部点的坐标和点号数据记录在全站仪的内存中,在工作草图上绘制相应的比较详尽的测点点号、测点间的连接关系和地物实体的属性,在内业工作中,再将草图上的信息与全站仪内存中的测量数据录入计算机进行联合处理。采用无码作业采集数据比较方便、可靠,这是目前大多数数字化测图系统和作业单位的首选作业方式。同时,由于无码作业将属性和连接关系的采集放在测站进行,一方面可使采集工作比较直观,另一方面又可减轻测站观测人员的压力。

3. 全站仪碎部点数据采集

全站仪是目前生产单位测绘数字地形图较为常用的测量仪器。外业测绘时,将全站仪安置在测站上(控制点或加密图根点),经定向后自动地同时测定角度和距离,按极坐标法计算出碎部点的坐标和高程,并可将观测数据记录到全站仪内存储器或电子手簿中。由于全站仪具有很高的测距精度,因此在通视良好、定向边较长的情况下可以放宽测站点至碎部点的距离,扩大测站点的覆盖范围。若采用无码作业方式(草图法),全站仪在一个测站采集碎部点的操作步骤如下。

(1)安置仪器:在测站点(图根控制点或加密图根控制点)上安置全站仪,进行对中、整平,其具体做法与常规测量仪器的对中整平操作相同,仪器对中误差应小于5mm;并且量取仪器高。

(2)开机进行仪器参数设置:参照仪器使用说明书打开电源开关,启动全站仪,进行仪器参数设置,一般包括温度、气压、测距模式、距离显示、角度显示、坐标显示等参数设置。不同厂家的仪器参数设置方法有较大差异,具体操作方法参见仪器使用说明书。

(3)后视定向:对于带有内存的全站仪,应在全站仪提供的工作文件中选取一个文件作为"当前工作文件",用以记录本次测量成果。然后参照仪器菜单进行具体的后视定向操作。首先在全站仪中找到后视定向的相应菜单,输入测站点的数据(包括测站点的三维坐标和仪器高度);然后选取与测站相邻且相距较远的一个控制点作为后视定向点,将全站仪准确照准定向点目标,输入后视定向控制点的数据(包括后视定向控制点的三维坐标和目标高度)或后视方向的角度数据(测站点与后视点连线的坐标方位角或其他已知角度)。定完向后,再找与测站相邻的另一个控制点(或其他明显、固定的目标点)作为检核点,用全站仪测定该点的位置,算得检核点的平面位置误差不大于"$0.2 \times M \times 10 - 3\mathrm{m}$"($M$ 为测图比例尺分母),高程较差不大于1/6等高距。

(4)碎部点测量:在碎部点上放置棱镜,全站仪准确照准待测碎部点(输入棱镜高)进行水平角、竖直角和距离测量或三维坐标测量,在完成测量后全站仪将根据用户的设置在屏幕上显示测量结果,核查无误后将碎部点的测量数据保存到内存或电子手簿中。

(5)绘制工作草图:如果测区有相近比例尺的地形图,可利用旧图或影像并适当放大复制,裁成合适的大小作为工作草图,在没有合适地形图的情况下,应在数据采集时绘制工作草图。草图上应绘制碎部点的点号、地物的相关位置、地貌的地形线、地理名称和说明注记等。绘制时,对地物、地貌原则上应尽可能采用现行《国家基本比例尺地图图式　第1部分:1∶500　1∶1000　1∶2000地形图图式》(GB/T 20257.1)所规定的符号绘制,对于复杂的图式符号可以简化或自行定义。草图上标注的测点编号应与数据采集记录中的测点编号严格一致,地形要素之间的相关位置必须准确。地形图上需注记的各种名称、地物属性等,草图上也必须标记清楚正确。草图可按地物相互关系绘制,也可按测站绘制,地物密集处可绘制局部放大图。

(6)结束测站工作:重复第4步、第5步直到完成一个测站上所有碎部点的测量工作。在每个测站数据采集工作结束前,还应对定向方向进行检测。检测结果不应超过定向时的限差要求。

采集完碎部点数据后,可应用相关的软件(如:南方地籍绘图软件CASS),将全站仪内的数据传输到计算机上,再应用软件绘制地形图。有码作业方式的全站仪碎部点的采集步骤与无码作业时大致相同,不同处是在第4步中,在测量完碎部点后接着输入碎部点的编码和连接码,然后再将测量数据保存到内存或电子手簿中。另外有码作业方式不需要绘制详细工作草图,将采集到的数据传输到计算机后,可应用合适的成图软件自动绘制地形图。

使用全站仪测定碎部点的位置,最常用的方法是极坐标法,其他方法还有延长量边法、垂直量边法、垂足法、直线方向交会、直线距离交会、两直线求交、平行线交会、垂线交会、两点前方交会、后方交会、距离交会等,许多碎部测量的方法都已经编写在测图软件中,测量后立即得出坐标,并可实时展点绘图。在数字测图中还可采用"一步测量法",即在图根导线选点、埋桩以后,图根导线测量和碎部测量同步进行。

## 二、实验目的与要求

(1)掌握坐标测量及计算方法。

(2)掌握三角高程测量原理。

(3)掌握地形碎部点的测量方法。

(4)掌握草图绘制方法及要求。

## 三、实验内容与设计

(1)碎部点观测、记录、计算。

(2)采集地形较简单的小范围地形图数据。

(3)草图的绘制。

(4)对指定区域进行全站仪草图法外业数据采集。

## 四、实验步骤

(1)测区的划分。

传统测图按标准图幅划分测区进行测绘,数字化测图不受图幅限制,可以道路、河、山脊等界线划分测区进行测绘。

(2)人员安排。

一个作业小组可配备:测站1人、镜站1~3人、绘图员1~2人;绘图员负责画草图和室内成图,是核心成员,有条件的作业组可安排2人轮换。

(3)碎部点的测定。

碎部点的选择与测定需要考虑数字测图、计算机制图和测图系统的特点,即除测定出点的三维坐标以外,还需按照成图特点进行点位的选择。

(4)全站仪一个测站采集碎部点的步骤。

①测站安置仪器:对中整平、开机并进行基本测量参数的设置。

②后视定向:输入测站点的坐标、仪器高等信息;瞄准后视定向点,输入已知方位角或后视点坐标进行定向;后视定向检查。

③角度和距离测量或坐标测量:瞄准测点棱镜直接测定并记录;测量过程中应随时注意更改测点的棱镜高度和测距模式。

④绘制工作草图:可利用测区相近比例将地形图、旧图或影像图进行放大、复制,裁剪成工作草图,若无图可用,则只能绘制工作草图;草图的点号必须与测站记录数据点号一致,连接关系与现场一致,并必须注明各种名称和地物属性等信息。

## 五、实验设备与器具

全站仪1套,对中杆及棱镜2套,记录板1块。

## 六、实验成果及处理

(1)采集数据的传输及预处理。

(2)草图的检查与处理。

(3)地形图的编辑与整饰、检查。

## 七、实验注意事项

(1)对于较开阔的地方,在一个测站点上可测完大半幅图,不要忙于搬站;对于较复杂的地方,应勤于搬站,支点很容易。

(2)对于地物比较规整的测区,可现场输入简码,室内自动成图;对于地物较凌乱的测区可现场绘制草图,室内用编码引导文件或人机交互成图。

(3)当地物较复杂时,为了减少镜站数、提高效率,特别是进行房屋测量时,可用皮尺丈量,室内用交互编辑方法成图。

(4)进行地貌点采集时,可以用一站多镜的方式进行。

(5)立尺员应尽可能地将同一条连线上的地物或同一地物编码的地物连续立尺。

(6)草图绘制人员不应远离立镜人员,以了解现场地物情况,避免点号出错。

(7)数据采集过程中,需保证草图上点号与全站仪上点号的一致,建议每10个点号进行一次镜站点号核实。

## 八、实验学时分配

课内2学时。

## 九、实验报告模板

(1)实验目的。

(2)实验内容。

(3)实验数据记录(表2-8-1)。

**数字地形测量记录表**　　表 2-8-1

测站：　测站高程：　仪器高：　定向点：　测量小组：

| 点号 | 代码 | 水平角(°　′) | 水平距离(m) | $X$ 坐标(m) | $Y$ 坐标(m) | 高程 $H$(m) | 备注 |
|---|---|---|---|---|---|---|---|
| | | | | | | | |
| | | | | | | | |
| | | | | | | | |
| | | | | | | | |
| | | | | | | | |
| | | | | | | | |
| | | | | | | | |
| | | | | | | | |
| | | | | | | | |
| | | | | | | | |
| | | | | | | | |
| | | | | | | | |
| | | | | | | | |
| | | | | | | | |

①实验数据记录(可打印粘贴)。

②草图(可复印小组草图粘贴至此处)。

(4)数据与成果处理。

(5)实验心得体会。

# 实验九　全站仪点位放样综合实验

## 一、基本概念和方法

### 1. 坐标测量及坐标正反算

(1)坐标正算。

如图2-9-1所示,高斯平面坐标系中,设$A$、$B$为地面任意两点,已知点$A$的坐标($x_A$,$y_A$),测量或求得边长$AB$的坐标方位角$\alpha_{AB}$和$AB$间的水平距离$D_{AB}$,即可求得点$B$的坐标,这一过程称为坐标正算。

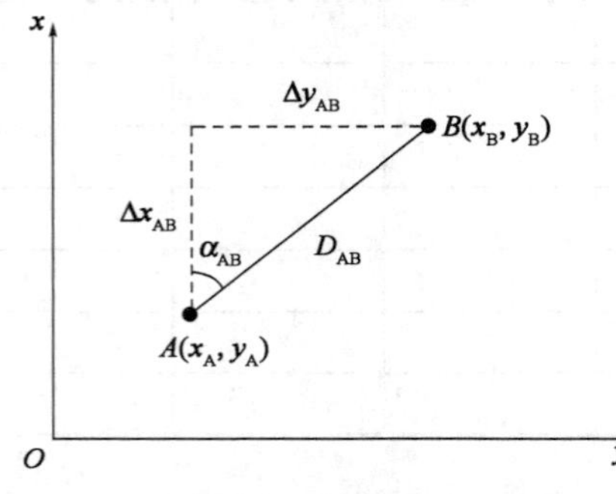


图2-9-1　坐标方位角和坐标增量的关系

如图2-9-1所示,设点$A$到点$B$在$X$轴上的坐标增量为$\Delta x_{AB}$,在$Y$轴上的坐标增量为$\Delta y_{AB}$,可得点$B$平面坐标为:

$$\begin{aligned} x_B &= x_A + \Delta x_{AB} = x_A + D_{AB}\cos\alpha_{AB} \\ y_B &= y_A + \Delta y_{AB} = y_A + D_{AB}\sin\alpha_{AB} \end{aligned} \tag{2-9-1}$$

(2)坐标反算。

已知地面任意两点$A$、$B$的坐标,欲求两点间水平距离$D_{AB}$和方位角$\alpha_{AB}$,这一计算过程称为坐标反算。由两点间距离公式得$A$、$B$间的水平距离:

$$D_{AB} = \sqrt{\Delta x_{AB}^2 + \Delta y_{AB}^2} \tag{2-9-2}$$

直线$AB$的方位角按以下过程计算:

$$\begin{aligned} \Delta x_{AB} &= x_B - x_A \\ \Delta y_{AB} &= y_B - y_A \end{aligned} \qquad R_{AB} = \arctan\frac{\Delta y_{AB}}{\Delta x_{AB}} \tag{2-9-3}$$

式中求得的象限角$R_{AB}$与该直线方向的方位角$\alpha_{AB}$,可根据直线所处象限进行换算,直线所处象限根据$\Delta x_{AB}$和$\Delta y_{AB}$的正负号进行判断确认。换算情况见表2-9-1。

**方位角与坐标增量符号关系表**　　表2-9-1

| 所在象限 | 增量符号 | | α的大小 | α与R的关系 |
|---|---|---|---|---|
| | Δx | Δy | | |
| Ⅰ | + | + | 0°~90° | α=R |
| Ⅱ | − | + | 90°~180° | α=180°−R |
| Ⅲ | − | − | 180°~270° | α=180°+R |
| Ⅳ | + | − | 270°~360° | α=360°−R |

### 2. 极坐标点位测设原理与方法

放样位置附近至少要有两个控制点作为放样的起算点,如图2-9-2中的控制点$A$($x_A$,$y_A$)和$B$($x_B$,$y_B$),设待放样点$P$的设计坐标为($x_P$,$y_P$),放样前先计算放样数据(或称放样元素,即图中

的水平角 $\beta$ 和水平距离 $D$)。根据 $A$、$B$、$P$ 三点的坐标计算 $A$、$B$ 及 $A$、$P$ 两点间的坐标增量(坐标差值),再按坐标反算方法计算出 $AB$ 和 $AP$ 直线的方位角 $\alpha_{AB}$ 和 $\alpha_{AP}$。由 $AB$ 方向顺时针旋转至 $AP$ 方向的水平夹角为:

$$\beta = \alpha_{AP} - \alpha_{AB} \tag{2-9-4}$$

若计算得 $\beta < 0°$,则加上 360°。

$A$、$P$ 两点间的水平距离为:$D_{AP} = \sqrt{\Delta x_{AP}^2 + \Delta y_{AP}^2}$。

放样步骤如下:

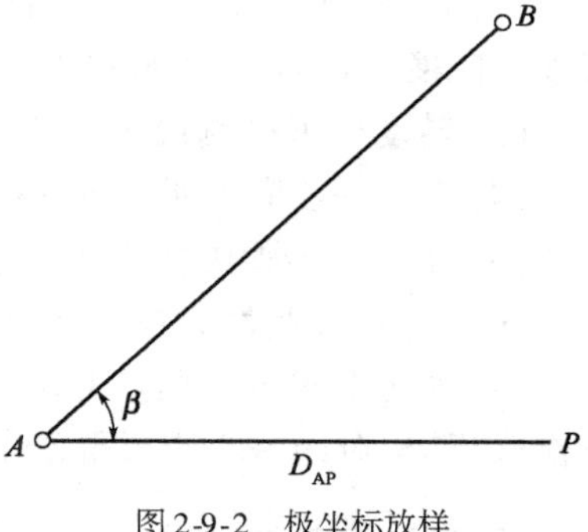

图 2-9-2　极坐标放样

(1)在点 $A$ 安置全站仪,对中、整平仪器,并进行基本的参数设置。

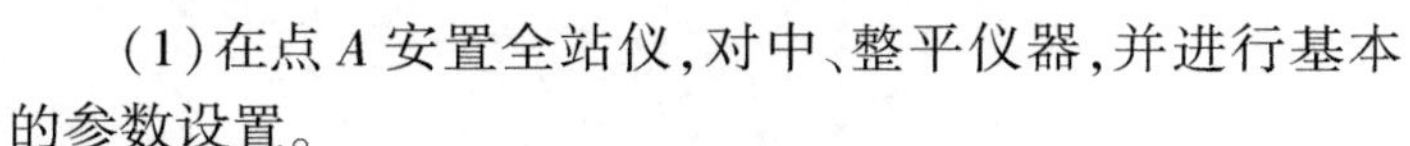

(2)瞄准点 $B$ 上的棱镜进行后视方向置零,即将该方向水平度盘读数设置为 0°00′00″。

(3)顺转望远镜,度盘读数增加,读数至 $\beta$ 角后得 $AP$ 方向。

(4)保持该方向固定(望远镜水平方向制动,度盘读数不变),沿该方向量水平距离 $D_{AP}$ 即可得 $P$ 点实际位置,并实地标记点位。

## 二、实验目的与要求

(1)掌握测设元素的计算。

(2)掌握极坐标点位测设方法。

(3)掌握坐标放样方法。

## 三、实验内容与设计

(1)根据控制点和设计点位数据,计算测设所需的测设元素。

(2)采用极坐标点位放样方法测设 2 ~ 3 个设计点位。

(3)依据实验场地情况,指定一个已知点和一条已知边,提供 2 ~ 3 个设计点位的坐标数据,完成设计点位的放样并进行放样成果检核。

如图 2-9-3 所示,$M$ 为已知控制点,其坐标设为(400.000,200.000),$MN$ 为已知方位,其坐标方位角设为 45°30′28″,$p$、$q$ 两点为设计点位,其设计坐标分别为(380.218,200.339)和(400.287,220.461),请根据已知数据和设计坐标计算在 $M$ 点架站时,采用极坐标法放样 $p$、$q$ 的测设元素,并根据 $p$、$q$ 两点放样后的实测距离与设计距离进行比较检核。具体已知数据和设计点位坐标数据以实验指导教师根据实验场地实际情况给定的为准。

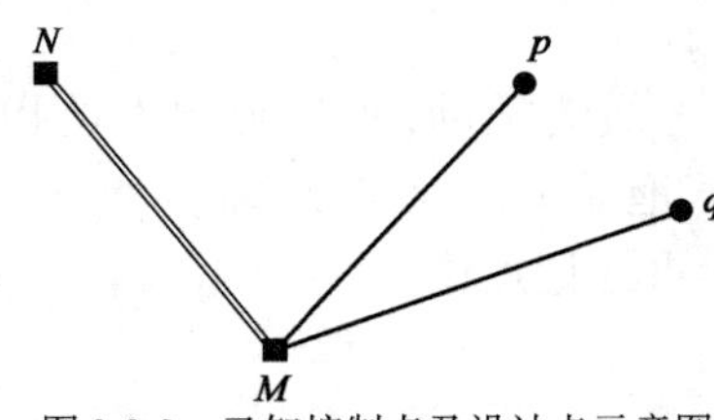

图 2-9-3　已知控制点及设计点示意图

## 四、实验步骤

(1)根据已知及设计数据计算测设元素(角度和距离),以示意图中的点 $p$ 为例,需计算的测设元素为水平角 $\angle NMp$ 和水平距离 $D_{Mp}$,水平距离可通过两点坐标反算得到,水平角计算可先通过坐标反算出 $Mp$ 的坐标方位角,然后 $Mp$、$MN$ 两坐标方位角相减即为所求水平角。

(2)在 $M$ 点上安置仪器，对中、整平，进行基本测量参数设置，瞄准已知方向（$MN$ 方向），将该方向度盘设置为 $0°00'00''$。

(3)转动望远镜测设水平角度 $\angle NMp$，定出方向线（即视线方向）。

(4)在上一步骤中所确定的视线方向上测设水平距离 $D_{Mp}$，即可得到点 $p$ 的实际地面位置。

(5)在上一步骤中所定出的点 $p$ 位置上做点位标记（至此，点 $p$ 测设完毕）。

(6)同点 $p$ 测设的方法，测设另一设计点位 $q$。

(7)实地测量 $p$、$q$ 两点的水平距离，与 $p$、$q$ 两点的设计距离（通过设计坐标反算）比较进行检核，其相对误差小于或等于 1/2000。

## 五、实验设备与器具

全站仪 1 套，对中杆及棱镜 2 套，记录板 1 块。

## 六、实验成果及处理

(1)测设元素的计算。

(2)放样成果的检核。

## 七、实验注意事项

(1)计算测设元素时，放样角度应为设计点位方位角与后视已知方位角之差，其取值范围为 360°，以符合顺时针注记的水平度盘。

(2)采用坐标反算方位角时，应判断好直线的象限顺序。

(3)计算完测设元素后，放样开始前，应绘制一个测设略图，检查测设元素计算是否有误，了解设计点的大概位置，以方便立镜。

(4)棱镜可以采用单杆，不必采用棱镜支架去立点。

(5)放样过程中，需持续与立镜人员沟通，以便顺利、快速找到设计点位。

(6)观测人员应先观察棱镜杆底点（棱镜杆与地面交点），并指挥立镜人员左右移动到视线方向（十字丝竖丝与棱镜杆底点重合），该过程中观测人员应确保望远镜在水平方向上没有移动，保持水平度盘读数不变。

(7)立镜人员左右移动棱镜时，应保持棱镜杆底点在地面上缓慢拖动，听从观测人员指挥，准确将棱镜杆底点放在十字丝竖丝上，然后将棱镜竖直，使气泡居中，以观测距离。

(8)放样过程是反复进行的，测设距离时，应符合限差要求，再标记点位。

## 八、实验学时分配

课内 2 学时。

## 九、实验报告模板

(1)实验目的。

(2)实验内容。

(3)测设元素计算与检核（表 2-9-2）。

**极坐标法点位测设已知数据记录表**　　表 2-9-2

| 已知数据 | 设计坐标 | 测设元素计算示意图 |
|---|---|---|
| $\alpha_{MN}$ =<br>$X_M$ =<br>$Y_M$ = | $\begin{cases} X_p = \\ Y_p = \end{cases}$<br>$\begin{cases} X_q = \\ Y_q = \end{cases}$ | N　p　q　M |

（4）实验数据及成果处理（表 2-9-3）。

**极坐标法点位测设记录计算表**　　表 2-9-3

| 测设元素计算 | |
|---|---|
| $p$ 点测设元素：<br>水平角 $\angle NMp$ =<br>水平距离 $D_{Mp}$ = | $q$ 点测设元素：<br>水平角 $\angle NMq$ =<br>水平距离 $D_{Mq}$ = |
| 辅助计算： | 辅助计算： |
| 检核计算（相对误差小于等于 1/2000）： | |

（5）实验心得体会。

# 实验十 GNSS的认识与使用

## 一、基本概念和方法

1. GNSS组成

全球导航卫星系统(GNSS)由三部分组成,如我国北斗卫星导航系统(BDS)由空间段、地面段和用户段三个部分组成。可在全球范围内全天候、全天时为各类用户提供高精度、高可靠定位、导航、授时服务,并且具备短报文通信能力,已经初步具备区域导航、定位和授时能力,定位精度为分米、厘米级别,测速精度0.2m/s,授时精度10ns。如图2-10-1所示。

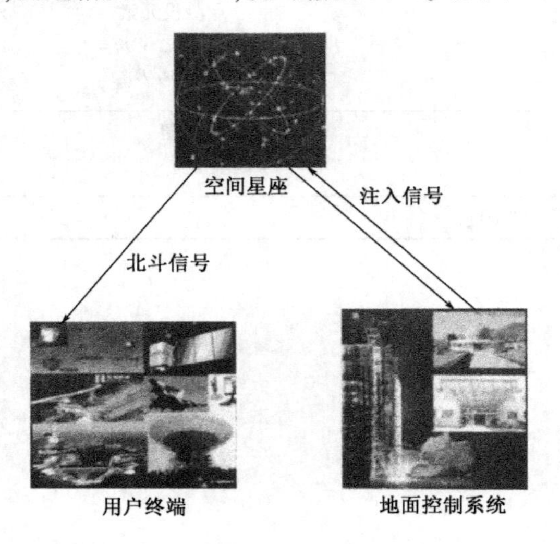


图2-10-1 北斗系统构成

空间段由若干地球同步轨道卫星(GEO)、倾斜地球同步轨道卫星(IGSO)和中圆地球轨道卫星(MEO)三种轨道卫星组成混合导航星座;地面段包括主控站、监测站、注入站等若干地面站。主控站收集各个监测站的观测数据,进行数据处理,生成卫星导航电文、广域差分信息和完好性信息,完成任务规划与调度,实现系统运行控制与管理;注入站在主控站的统一调度下,完成卫星导航电文、广域差分信息和完好性信息注入,以及有效荷载的控制管理;监测站对导航卫星进行连续跟踪监测,接收导航信号,发送给主控站,为卫星轨道确定时间和时间同步提供观测数据。

用户终端:指各类BDS(北斗卫星导航系统)用户终端,以及与其他卫星导航系统兼容的终端。一般包括接收机主机、天线、电源,其主要功能是接收GNSS卫星发射的信号,以获得必要的导航和定位信息,并经初步数据处理而实现实时的导航与定位。接收机品牌型号很多,如图2-10-2所示。

2. GNSS定位原理

主动式定位原理:如BDS用户设备既要接收来自两颗北斗试验卫星的导航定位信号,又要向卫星转发该信号,进而由地面中心站解算出各个用户的所在点位,并用通信方式告知用户所测得的坐标值,如图 2-10-3 所示。这种主动式定位原理,需要采用高程约束解算出用户位置,而且用户不能自主解算出自己所在点位的坐标值,又要向北斗试验卫星转发导航信号,成为他人探测的目标,极易暴露自己,不适合军队使用,更不能满足卫星和导弹等高动态用户的应用需求。

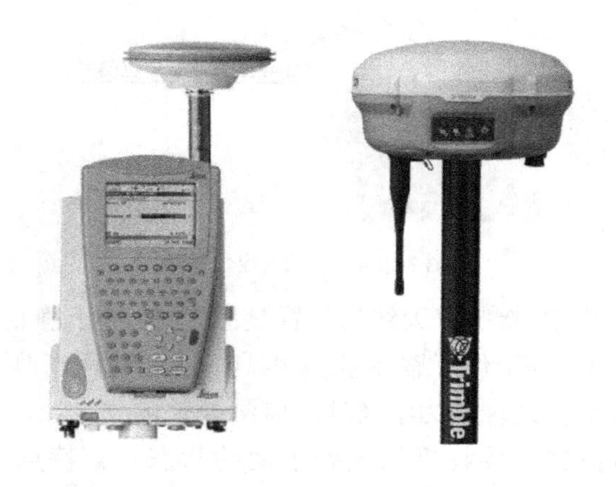


图 2-10-2　Leica 1200 系列(左)和 Trimble 5800 系列 GNSS 接收机(右)

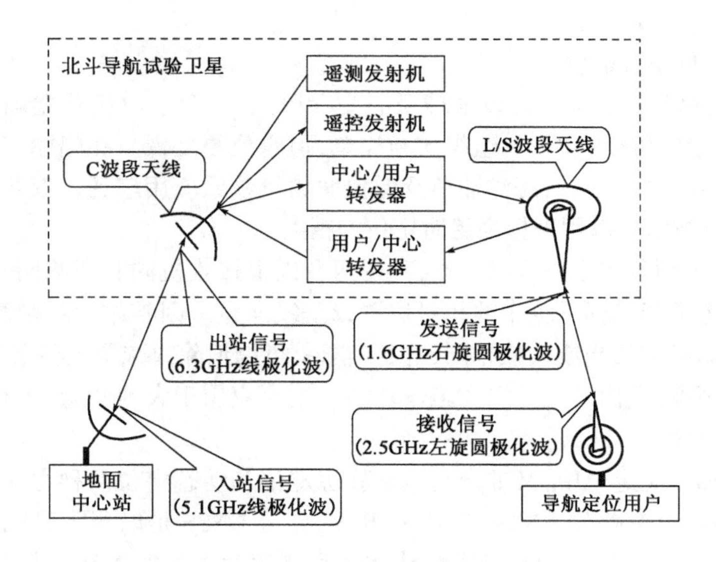


图 2-10-3　主动式定位原理

被动式定位原理:如 BDS 用户只需要接收来自北斗卫星发送的导航定位信号,就能够自主精确地解算出自身的七维状态参数(即三维坐标、三维速度和时间)和三维姿态参数(即运动体的偏航角、横滚角、俯仰角),如图 2-10-4 所示。

3. GNSS 定位基本模式

(1)静态定位和动态定位。

按照用户接收机天线在定位过程所处的状态,分为静态定位和动态定位两类。

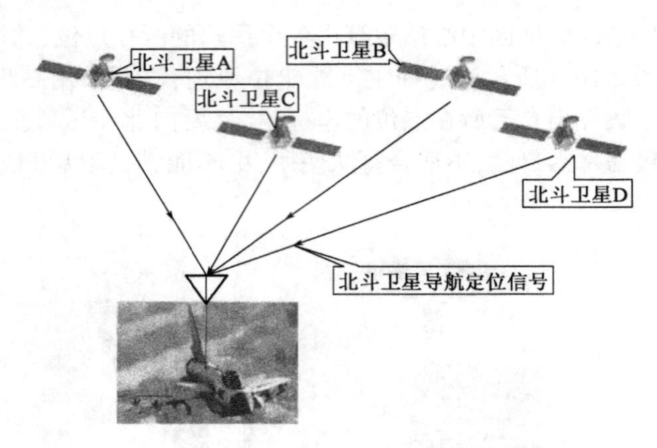


图 2-10-4　被动式定位原理

静态定位:在定位过程中,接收机天线的位置是固定的,处于静止状态。其特点是观测时间较长,有大量的重复观测,其定位可靠性强、精度高。主要应用于测定板块运动、监测地壳形变、大地测量、精密工程测量、地球动力学及地震监测等领域。

动态定位:在定位过程中,接收机天线处于运动状态。其特点是可以实时地测得运动载体的位置,多余观测量少,定位精度较静态定位低,目前广泛应用于飞机、船舶、车辆的导航中。

(2)绝对定位与相对定位。

绝对定位(也称单点定位):是以地球质心为参照点,一台接收机独立确定待定点在地球参考框架坐标系统中的绝对位置。组织实施简单,但定位精度低。在船舶、飞机的导航,地质矿产勘探,暗礁定位,建立浮标,海洋捕鱼及低精度测量领域应用广泛。近几年发展起来的精密单点定位(PPP)技术可以用来提高绝对定位的精度。

相对定位:以地面某固定点为参考点,利用两台以上接收机同时观测同一组卫星,确定各观测站在地球参考框架坐标系统中的相对位置或基线向量。因各站同步观测同一组卫星,误差对各站观测量的影响相同或大致相同,对各站求差可以消除或减弱这些误差的影响,从而提高了相对定位的精度,但内外业组织实施较复杂。主要应用于大地测量、工程测量、地壳形变监测等精密定位领域。

在绝对定位和相对定位中,又都分别包含静态定位和动态定位两种方式。在动态相对定位中,当前应用较广的有差分 GNSS 和 GNSS-RTK,差分 GNSS 是以测距码观测值为主的实时动态相对定位,精度低;GNSS-RTK 是以载波相位观测值为主的实时动态相对定位,可实时获得厘米级的定位精度。

## 二、实验目的与要求

(1)了解 GNSS 接收机的基本结构与性能,各操作部件的名称和作用。

(2)掌握 GNSS 接收机的基本操作方法。

(3)练习 GNSS 接收机动态模式配置与连接。

(4)掌握基准站和流动站设置的主要内容。

## 三、实验内容与设计

(1)GNSS 接收机的结构与性能。

(2)基准站的连接与配置。

(3)移动站的设置。

(4)工程坐标系的转换。

(5)测点练习。

## 四、实验步骤

(1)了解 GNSS 接收机的基本结构与性能,各操作部件的名称和作用。

(2)了解 GNSS 接收机的按键功能和指示灯的含义,并熟悉使用方法。

(3)了解 GNSS 接收机控制手簿的基本结构、键盘上各按键的名称及功能、常用的快捷键操作、显示符号的含义并熟悉使用方法。

(4)架设基站:

①将接收机设置为基准站外置电台模式;

②架好三脚架,安置电台天线的三脚架应放置的较高一些,接收机和外接天线的两个三脚架之间至少保持 3 米距离;

③固定好基座和基准站接收机(如果架在已知点上,要严格地做好对中整平),打开基准站接收机;

④安装好电台发射天线,把电台挂在三脚架上,将蓄电池(锂电池等外接电源)放在电台的下方;

⑤用多用途电缆线连接好电台、主机和蓄电池。

(5)启动基准站:

①使用手簿进行仪器设置,主机必须使用基准站模式;

②对基站高度角、差分格式、GNSS 坐标系统等参数进行设置。一般的基站参数设置只需设置差分格式即可,其他设置使用默认参数;

③设置正确的电台类型、电台频率、通信参数(波特率、字长、奇偶性、停止位);

④新建工程任务项目,配置任务的坐标系统,定义投影转换参数;

⑤保存好设置参数后,点击“启动基准站”(一般来说基站是任意假设的,发射坐标不需要自己输入)。

(6)移动站设置:

确认基准站发射成功后,即可开始移动站的假设。

①正确连接移动站的主机和手簿等设备;

②利用手簿将接收机设置为移动站电台模式;

③对移动站参数进行设置,一般只需要设置差分数据格式,选择与基准站相同的差分数据格式和数据传输频率即可;

④配置通信参数,配置流动站无线电通道(与基准站一致),以上操作类同于基准站;

⑤基准站架在未知点校正(直接校正)。当移动站在已知点水平对中并获得固定解状态

后,进行操作后有效。

手簿操作步骤为:进入点校正模式;在系统提示下输入当前移动站的已知坐标,再将移动站对中于已知点上,输入天线高和量取方式进行校正;特别需要注意的是,参与计算的控制点原则上至少选用2个或2个以上。

(7)新建工程任务进行RTK作业。

(8)点位测量练习。

## 五、实验设备与器具

GNSS接收机基站(包括接收机、天线、手簿、基座、量高尺、电台、手簿通信电缆)1套、接收机移动站1套、脚架2个、记录板1块。

## 六、实验成果及处理

(1)GNSS安置及设置步骤。

(2)坐标转换参数。

(3)点位测量数据记录整理与检查。

## 七、实验注意事项

(1)在作业前应做好准备工作,将GNSS主机、手簿的电池充足电。

(2)使用GNSS接收机时,应严格遵守操作规程,注意爱护仪器。

(3)在启动基准站外接电台时,应特别注意电台电源线(蓄电池)的极性,不要将正负极接错。

(4)用电缆连接手簿和计算机进行数据传输时,注意正确的连接方法。

(5)点位采集记录时,注意需要在固定解状态下进行。

(6)点校正、点位测量时应注意选择点位类型,设置测量的基本参数,如时长。

(7)测点过程中应注意正确输入杆高和流动站天线高的模式。

## 八、实验学时分配

课内4学时。

## 九、实验报告模板

(1)实验目的。

(2)实验内容。

(3)实验操作步骤。

(4)实验数据记录与计算。

(5)实验心得体会。

# 实验十一　GNSS-RTK 数字测图外业数据采集

## 一、基本概念和方法

### 1. GNSS-RTK 点位测量原理

RTK(实时动态定位)是以载波相位为观测值进行实时动态差分的 GNSS 测量技术。作业时,位于基准站的 GNSS 接收机通过数据通信链路(如无线电台)实时地将载波相位观测值以及已知的基准站坐标等信息,以 RTCM 等协议规定格式,以二进制数据流形式播发给在附近工作的流动站用户。用户根据基准站及本机所采集的载波相位观测值,利用 RTK 数据处理软件进行实时相对定位,进而根据基准站坐标求得待测点三维坐标。RTK 作业方式下系统组成如图 2-11-1、图 2-11-2 所示。RTK 技术当前的测量精度约为:平面 $10mm + 2 \times 10^{-6}D$($D$ 为测距);高程 $20mm + 2 \times 10^{-6}H$($H$ 为高程)。

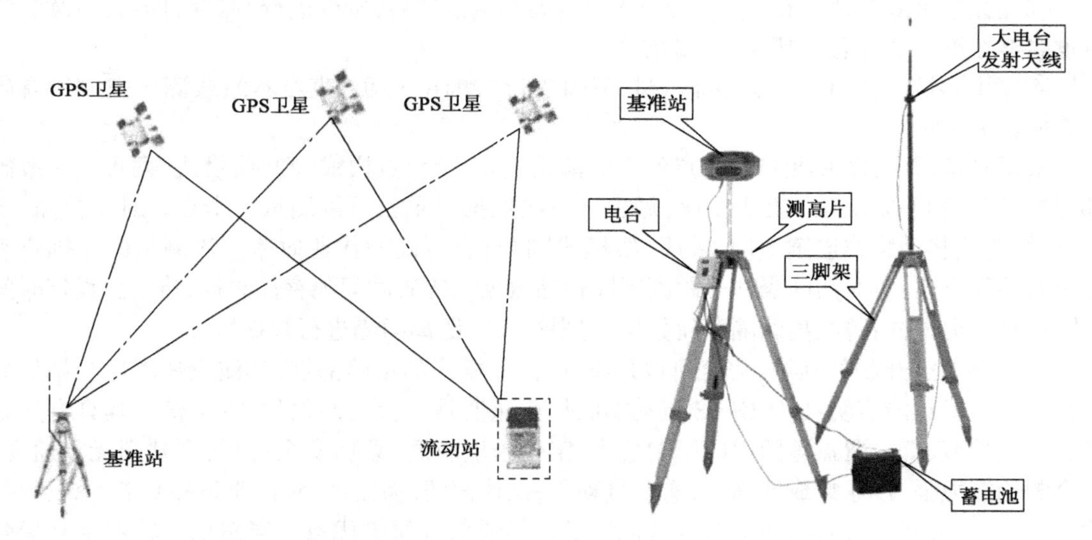


图 2-11-1　RTK 系统组成　　　图 2-11-2　RTK 基准站配置

进行 RTK 测量时,至少需要配备两台接收机。一台接收机位于基准站上,观测视场中所有可见卫星;其他接收机在基准站附近进行 RTK 观测和定位。RTK 接收设备宜选用优于以上测量精度指标的双频接收机。RTK 测量可实时获得高精度地面点定位坐标,且不受地面点间通视条件影响,目前已广泛应用于工程控制测量、小区域大中比例尺测图与修测、工程放样与工程监测、地籍测量与界线勘测等领域。

### 2. GNSS-RTK 碎部点数据采集

GNSS-RTK 定位技术的应用越来越广泛,因其定位精度高(±0.01 ~ ±0.05m)、速度快、作业范围广、测站间无须通视等优势,也常应用于大比例数字测图中进行野外碎部点的数据采集。采用 GNSS-RTK 技术设备进行数字测图时,其过程与全站仪草图法数字测图基本一致,实际上就是用GNSS-RTK设备代替全站仪进行野外碎部点数据采集。采用GNSS基站加流动站建立RTK工作系统进行碎部点数据采集的大致步骤如下。

(1)基准站操作流程。

①架设仪器设备:天线的对中、整平和量天线高等。

②连接设备:GNSS天线、主机的连接以及发射电台和电池、GNSS主机的连接。

③基准站的参数设置:不同型号GNSS的操作步骤会略有不同。基本设置内容包括坐标系统的参数;发射电台的型号、发射频率和数据传输率;控制点的坐标;接收机类型和天线类型;天线高和量高方式等。

④启动基准站及基站差分信号播发电台,注意检查该点的坐标是否正确。

(2)流动站操作流程。

①开启流动站,进行GNSS主机类型、接收机天线类型、电台型号等相关参数设置,接收基站信号,建立基站与流动站之间的数据链。

②在控制手簿上输入或求解坐标转换参数,以便将观测的坐标转换到本地坐标系,选择RTK的测量模式(点模式或线模式)。

③在控制手簿上开始RTK测量,输入天线高和测点序号,按键进行"测存"即可,后续的测量点名会在第一站点名的基础上自动增加。

④停止测量。在测量其他碎部点时,只需进行"测存"即可,直至本站或测区完成所有碎部点的数据采集。

根据测量需求,RTK测量碎部点的作业模式可以分为"点模式"和"线模式"两种。一般碎部点的测量都可以采用点模式作业,每进行一次数据记录就可以测量一个点。对于公路、水渠、田埂等线状地物或连续地形,采用"线模式"将具有更高的作业效率。该测量的数据自动记录有两种方式:等时间间隔和等距离间隔存储数据。等时间间隔存储数据,将根据设定时间间隔进行数据采样;等距离间隔存储数据,将根据设定距离间隔进行数据采样。

在地势上空开阔的地区,完全可以用RTK作业模式测量碎部点,其测量速度比全站仪会快很多。实践经验表明:1个GNSS流动站的作业速度是1台全站仪的2~4倍。其具有受地形、气候、季节、森林覆盖等因素的影响较小;定位精度较高,数据安全可靠,测站间无须通视;综合测绘能力强,作业集成度高,易实现自动化;操作简便,易使用,对作业条件要求不高,数据输入、处理、存储能力强,与计算机及其他测量仪器通信方便等优点。当然也存在不足和局限性,比如它易受到障碍物如大树、高大建筑物和各种高频信号源的干扰等。但可以预见,随着各地方连续运行卫星定位服务系统(大功率基准站)的建立和GNSS软硬件的不断更新,GNSS-RTK技术在数字化地形测量中的应用具有良好的前景,不仅免去常规测量中相对麻烦的计算,而且常规仪器无法解决的测量问题会迎刃而解,将大大改变原有数字测图的作业模式与流程,RTK测量方法将在数字化地形测量中发挥其重要作用。

### 3. 地物和地貌的测绘

地物的类别、形状、大小及其在图上的位置,是用地物符号表示的。地物在地形图上表示的原则是:凡能按比例尺表示的地物,则将它们的水平投影位置的几何形状依照比例尺描绘在地形图上,如房屋、双线河等,或将其边界位置按比例尺表示在图上,边界内绘上相应的符号,如果园、森林、耕地等;不能按比例尺表示的地物,在地形图上是用规定的地物符号表示在地物的中心位置上，如水塔、烟囱、纪念碑等；凡是长度能按比例尺表示，而宽度不能按比例尺表示的地物，则其长度按比例尺表示，宽度以相应符号表示。地物测绘必须根据规定的比例尺，按规范和图式的要求，进行综合取舍，将各种地物表示在地形图上。

地貌形态虽然千变万化、千姿百态，但都是由山地、盆地、山脊、山谷、鞍部等基本地貌组成。地球表面的形态，可被看作是由一些不同方向、不同倾斜面的不规则曲面组成，两相邻倾斜面相交的棱线，称之为地貌特征线（或称为地性线）。如山脊线、山谷线即为地性线。在地性线上比较显著的点有：山顶点、洼地的中心点、鞍部的最低点、谷口点、山脚点、坡度变换点等，这些点被称之为地貌特征点。地貌测绘的一般流程是：测定地貌特征点；连接地貌特征线（地性线）和构网；勾绘等高线。目前成图软件皆可自动完成等高线绘制，人工干预（调整）的工作很少。

## 二、实验目的与要求

（1）掌握 RTK 方法进行碎部点数据采集。

（2）掌握草图绘制方法及要求。

（3）掌握采集数据的格式编辑与转换。

## 三、实验内容与设计

（1）碎部点观测、记录、计算。

（2）采集地形较简单的小范围地形图数据。

（3）草图的绘制。

（4）对指定区域进行 RTK 草图法外业数据采集。

## 四、实验步骤

（1）测区的划分。

传统测图按标准图幅划分测区进行测绘，数字化测图不受图幅限制，可以道路、河、山脊等为界线划分测区进行测绘。

（2）人员安排。

一个作业小组可配备：流动站（测站）1 人、绘图员 1 人；绘图员负责画草图和室内成图，有条件的作业组可安排 2 人轮换。

（3）碎部点的测定。

碎部点的选择与测定需要考虑数字测图、计算机制图和测图系统的特点，即除测定出点的三维坐标以外，还需按照成图特点进行点位的选择。

（4）RTK 采集碎部点的步骤。

①设置基准站：基准站仪器架设包括对中、整平、天线电缆及电源电缆的连接、量取天线高等工作内容。

②检查基准站设置：查看基准站属性信息并确认，测量高度角限制 13°，广播差分电文格式 CMR +，天线类型，天线高，天线量高方法，是否使用基准站索引等；基准站无线电设置，设置正确的电台类型、电台频率、通信参数（波特率、字长、奇偶性、停止位等）。

③新建任务(项目):手簿控制器中选择"任务"→"新建任务"(输入任务名,确认);选择键入参数,配置任务的坐标系统。其中包括定义投影转换、定义 WGS-84 基准与地方基准之间的关系,通常采用三参数转换、七参数转换或无转换(直接采用 WGS-84 坐标)。

④启动基准站接收机:基准站应输入已知点的坐标(架设在已知点上),接收机将以基准站仪器单点定位结果作为当前使用基准站坐标。输入天线高,启动测量,检查基准站是否正常工作,电台是否开始正常发射。

⑤断开手簿与基准站接收机的连接,开始流动站连接与设置。

⑥流动站操作:连接流动站与手簿;检查流动站设置,配置流动站选项与流动站无线电(与基准站一致),以上操作类同于基准站;开始测量,卫星大于或等于 5 颗并收到电台信号后,进行初始化,使 RTK 得到固定解;测量单点或连续地形;待所有待测点测量完毕后,退出测量菜单,并结束当前测量。

## 五、实验设备与器具

GNSS 接收机基站(包括接收机、天线、手簿、基座、量高尺、电台、手簿通信电缆)1 套、接收机移动站 1 套、三脚架 2 个、记录板 1 块。

## 六、实验成果及处理

(1)采集数据的传输及预处理。

(2)草图的检查与处理。

(3)地形图的编辑与整饰、检查。

## 七、实验注意事项

(1)在作业前应做好准备工作,将 GNSS 主机、手簿的电池充足电。

(2)使用 GNSS 接收机时,应严格遵守操作规程,注意爱护仪器。

(3)在启动基准站外接电台时,应特别注意电台电源线(蓄电池)的极性,不要将正负极接错。

(4)用电缆连接手簿和计算机进行数据传输时,注意正确的连接方法。

(5)点位采集记录时,注意需要在固定解状态下进行。

(6)点校正、点位测量时应注意选择点位类型,设置测量的基本参数,如时长。

(7)测点过程中应注意正确输入杆高和流动站天线高的模式。

(8)对于地物比较规整的测区,可现场输入简码,室内自动成图;对于地物较凌乱的测区可绘制现场草图,室内用编码引导文件或人机交互成图。

(9)应尽可能将同一条连线上的地物或同一地物编码的地物连续测量。

(10)草图绘制人员不应远离流动站,以了解现场地物情况,避免点号出错。

(11)数据采集过程中,需保证草图上点号与手簿上点号的一致,建议每 10 个点号进行一次镜站点号核实。

## 八、实验学时分配

课内 2 学时。

## 九、实验报告模板

(1)实验目的。
(2)实验内容。
(3)实验数据记录。
①RTK 数字地形测量记录表见表 2-11-1(可打印粘贴)。

**RTK 数字地形测量记录表**　　表 2-11-1

测站：　测站高程：　仪器高：　定向点：　测量小组：

| 点号 | 代码 | 水平角(°　′) | 水平距离(m) | $X$ 坐标(m) | $Y$ 坐标(m) | 高程 $H$(m) | 备注 |
|---|---|---|---|---|---|---|---|
| | | | | | | | |
| | | | | | | | |
| | | | | | | | |
| | | | | | | | |
| | | | | | | | |
| | | | | | | | |
| | | | | | | | |
| | | | | | | | |
| | | | | | | | |
| | | | | | | | |
| | | | | | | | |
| | | | | | | | |
| | | | | | | | |
| | | | | | | | |
| | | | | | | | |
| | | | | | | | |

②草图(可复印小组草图粘贴至此处)。
(4)数据与成果处理。
(5)实验心得体会。

# 实验十二　GNSS-RTK 图根控制测量

## 一、基本概念和方法

### 1. 平面控制测量

图根平面控制测量可采用图根电磁波测距导线方法、GNSS(全球卫星导航系统)方法等测定,局部地区控制点的加密可采用交会定点法。

(1)图根电磁波测距导线。

图根电磁波测距导线应布设成附合导线、闭合导线或导线网。

当图根电磁波测距导线布设成结点网时,结点与高级点、结点与结点间的导线长度应不大于规定长度的7/10。因地形限制,图根导线无法附合时,可布设不超过4条边的支导线,长度不超过规定的1/2,转折角和边长必须往返测量。

(2)GNSS 图根平面控制。

用 GNSS 方法测定图根点平面坐标可采用静态、快速静态以及 GNSS-RTK(实时动态)定位方法,作业要求应按《卫星定位城市测量技术规程》(CJJ/T 73—2010)执行。GNSS 网可采用多边形环、附合路线和插点等形式;GNSS 外业观测应采用精度不低于 $10mm + 2 \times 10^{-6} \times D$ 的各种单频或双频 GNSS 接收机,卫星截止高度角10°,历元间隔20s;GNSS 网平差计算采用与地面数据进行联合平差的方法。

(3)图根交会定点平面控制。

图根交会定点可采用前方交会、测边交会、后方交会等形式。交会定点的角度和距离测量的技术指标可参照图根导线测量的指标。

### 2. 高程控制测量

图根高程控制测量可采用水准测量、电磁波测距三角高程测量和 GNSS 高程测量方法进行。

(1)图根水准测量(表2-12-1)。

**图根水准路线技术要求**　　表2-12-1

| 附合导线长度(mm) | 每千米高差中误差(mm) | 水准仪级别 | 水准尺 | 闭合差或往返互差(mm) | |
|---|---|---|---|---|---|
| | | | | 平地 | 山地 |
| 8 | ±20 | $DS_3$ | 双面尺 | $\pm 40\sqrt{L}$ | $\pm 12\sqrt{N}$ |

注:$L$ 为水准路线的总长(km);$N$ 为测站数。

图根水准测量应在城市三、四等水准点下加密。

图根水准路线可沿图根导线点布设附合水准路线、闭合水准路线或水准网。当布设为水准网时,结点与高级点间、结点与结点间的路线长度不应超过6.0km。条件困难时,可布设图根水准支线,但长度不应超过4.0km,且必须往返观测。图根水准应采用精度等级不低于 $DS_3$ 的水准仪或电子水准仪观测,仪器使用前,必须进行检验和校正,其 $i$ 角应小于30″。图根水准测量的视线长度应小于100m,红、黑面高差之差应小于5mm,红、黑面读数差应小于±3mm。

(2)GNSS 图根高程测量。

采用 GNSS 方法布设图根高程控制点,可联测不低于四等水准的高程点,通过拟合方法确定图根控制点的高程,联测高程点数不少于 5 点,且均匀分布在网内。

3. RTK 点位测量原理与方法

GNSS-RTK 定位原理见本书实验十一“一、基本概念和方法”,图根控制点观测方法及要求如下。

(1)图根控制点测量采用 GNSS-RTK 方式施测。

点位选择应尽量三点一组,保证两两通视,相邻控制点对边长不宜小于 80m。施测时应采用三脚架架设 GNSS 接收机进行三次初始化测量,三次初始化观测控制点点位互差不应大于 ±4cm,高程互差 ±4cm,取中数作为最终成果,并应按 RTK 规范要求要求进行不少于 10% 的重复观测作为检测;重复观测点位互差不应大于 ±5cm,高程互差 ±8cm;对网络模式施测的控制点,应利用全站仪检测控制点点对边长、高差和夹角与控制点成果反算进行比较,边长较差不应大于 1/2500,高差较差不应大于 0.04*S*cm(*S* 为距离),角度较差不应大于 ±60″,对于卫星信号较差地区,基于已有等级控制点或图根控制点以光电测距附合导线、支导线和光电测距极坐标的形式布设。

(2)GNSS-RTK 动态卫星定位测量作业应符合下列规定:

①手簿中设置的平面收敛阈值不应超过 20mm,垂直收敛阈值不应超过 30mm;

②卫星高度角 15°以上的卫星不应少于 5 颗,PDOP 值应小于 6;

③天线应采用三角支架架设,仪器的圆气泡应稳定居中;

④观测值应记录收敛、稳定的固定解。经、纬度应记录到 0.00001″,平面坐标和高程应记录到 0.001m;

⑤每天施测和收测前都应在首级控制点或高等级的已知控制点上进行检核,平面位置较差不应大于 ±7cm,高程较差不应大于 ±8cm;

⑥一测回的自动观测值个数不应少于 20 个历元,采样间隔 2 ~ 5s;

⑦测回间应至少间隔 60s,下一测回测量开始前,应重新初始化;

⑧初始化时间超过 5 分钟仍不能获得固定解时,宜断开通信链路,重启卫星定位接收机,再次初始化。当重启 3 次仍不能获得固定解时,应选择其他位置进行测量。

## 二、实验目的与要求

(1)掌握运用 RTK 进行图根控制测量的方法。

(2)了解图根控制测量的技术要求。

(3)掌握坐标转换方法。

## 三、实验内容与设计

(1)图根控制网的布设。

(2)图根点的观测、记录、计算。

(3)工程坐标系与国家大地坐标系的转换参数计算。

## 四、实验步骤

(1)设置基准站:基准站仪器架设包括对中、整平、天线电缆及电源电缆的连接、量取天线高等工作内容。

(2)检查基准站设置:查看基准站属性信息并确认,测量高度角限制13°,广播差分电文格式CMR+,天线类型,天线高,天线量高方法,是否使用基准站索引等;基准站无线电设置,设置正确的电台类型、电台频率、通信参数(波特率、字长、奇偶性、停止位等)。

(3)新建任务(项目):手簿控制器中选择"任务"→"新建任务"(输入任务名,单击确认);选择键入参数,配置任务的坐标系统。其中包括定义投影转换、定义WGS-84基准与地方基准之间的关系,通常采用三参数转换、七参数转换或无转换(直接采用WGS-84坐标)。

(4)启动基准站接收机:基准站应输入已知点的坐标(架设在已知点上),接收机将以基准站仪器单点定位结果作为当前使用基准站坐标。输入天线高,启动测量,检查基准站是否正常工作,电台是否开始正常发射。

(5)断开手簿与基准站接收机的连接,开始流动站连接与设置。

(6)流动站操作:连接流动站与手簿;检查流动站设置,配置流动站选项与流动站无线电(与基准站一致),以上操作类同于基准站;开始测量,卫星大于或等于5颗并收到电台信号后,进行初始化,使RTK得到固定解。

(7)图根控制点测量:使用三脚架和基座,将流动站安置于待测点上;量取天线高;手簿中设置"控制点"测量(平滑10″以上);完成测量并记录;关、开主机,重新测量,各点至少观测3次,取平均值作为最后观测结果。

## 五、实验设备与器具

GNSS接收机基站(包括接收机、天线、手簿、基座、量高尺、电台、手簿通信电缆)1套、接收机移动站1套、三脚架2个、记录板1块。

## 六、实验成果及处理

(1)观测表格记录计算。

(2)坐标转换计算。

(3)图根点近似平差计算。

## 七、实验注意事项

(1)在作业前应做好准备工作,将GNSS主机、手簿的电池充足电。

(2)使用GNSS接收机时,应严格遵守操作规程,注意爱护仪器。

(3)在启动基准站外接电台时,应特别注意电台电源线(蓄电池)的极性,不要将正负极接错。

(4)用电缆连接手簿和计算机进行数据传输时,注意正确的连接方法。

(5)点位采集记录时,注意需要在固定解状态下进行。

(6)点校正、点位测量时应注意选择点位类型,设置测量的基本参数,如时长。

(7)测点过程中应注意正确输入杆高和流动站天线高的模式。

## 八、实验学时分配

课内 2 学时。

## 九、实验报告模板

(1)实验目的。
(2)实验内容。
(3)实验数据记录(表 2-12-2)。

**RTK 图根控制测量记录表**　　表 2-12-2

测站：　测站高程：　仪器高：　定向点：　测量小组：

| 点号 | $X$ 坐标(m) | $Y$ 坐标(m) | 高程 $H$(m) | 备注 |
|---|---|---|---|---|
| | | | | |
| | | | | |
| | | | | |
| | | | | |
| | | | | |
| | | | | |
| | | | | |
| | | | | |
| | | | | |
| | | | | |
| | | | | |
| | | | | |
| | | | | |
| | | | | |
| | | | | |
| | | | | |
| | | | | |
| | | | | |
| | | | | |
| | | | | |
| | | | | |
| | | | | |
| | | | | |

(4)数据与成果处理。
(5)实验心得体会。

# 第三篇　测量学虚拟仿真数字测图综合实验指导

## 一、数字测图仿真实验软件介绍

《数字测图仿真实验软件》是安装在计算机客户端上的软件。学生和相关从业人员，可借助该系统进行虚拟全站仪操作，获取虚拟数据后进行后续软件处理和算法验证等实习实践或自主学习。

1. 原理及特点

虚拟现实技术具有沉浸性、交互性、扩展性等特性，《数字测图仿真实验软件》即是通过虚拟现实技术实现在虚拟环境中使用鼠标/键盘控制全站仪的一款软件。本软件旨在打破全站仪现有操控学习中受限于场地、时间等因素的状况，让学生能够安全、迅速、便捷地进行全站仪操控模拟训练和学习。

软件采用三维建模，将全站仪的各个系统、零部件结构、模拟操作环境进行等比例真实还原，采用前向渲染，支持高质量的光照功能，多采样抗锯齿（MSAA）以及实例化双目绘制（Instanced stereo Rendering），且包含细节来呈现出真实、流畅的3D沉浸式画面，使学生感受接近现实的操控环境。

2. 软件运行的硬件环境要求

CPU：AMD Athlon x2255（主频 3.1GHZ2M L2 二级缓存）；内存：8GB DDR42400MHZ 2X4G；显存：4G；硬盘：500GB7200 pm SaTa3.0-Gb/s.

3. 软件运行环境要求

Windows7、Windows8、Windows10 等。

## 二、数字测图综合模拟操作步骤

1. 主界面

主界面内容分为：训练关卡、仪器操作说明、意见收集、设置、关于、退出、开始。鼠标左键单击开始即进入虚拟环境（图 3-0-1 ~ 图 3-0-7）。

图　3-0-1

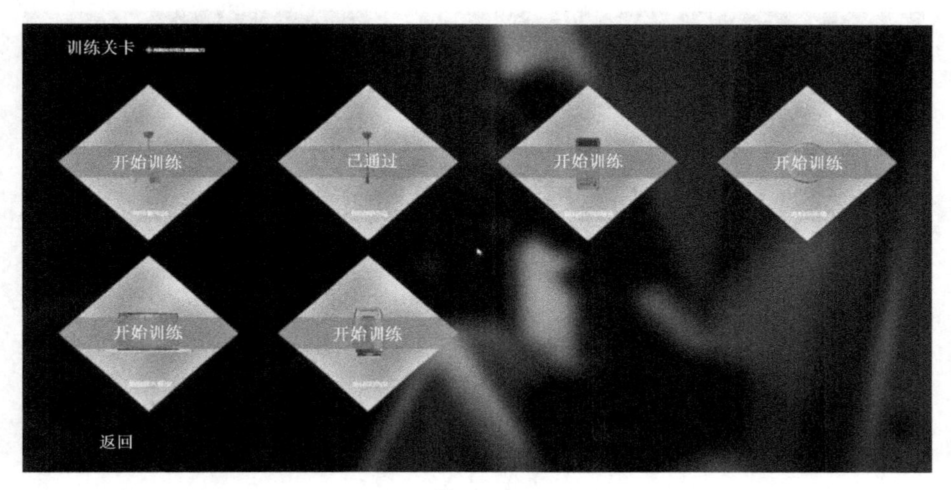


图　3-0-2

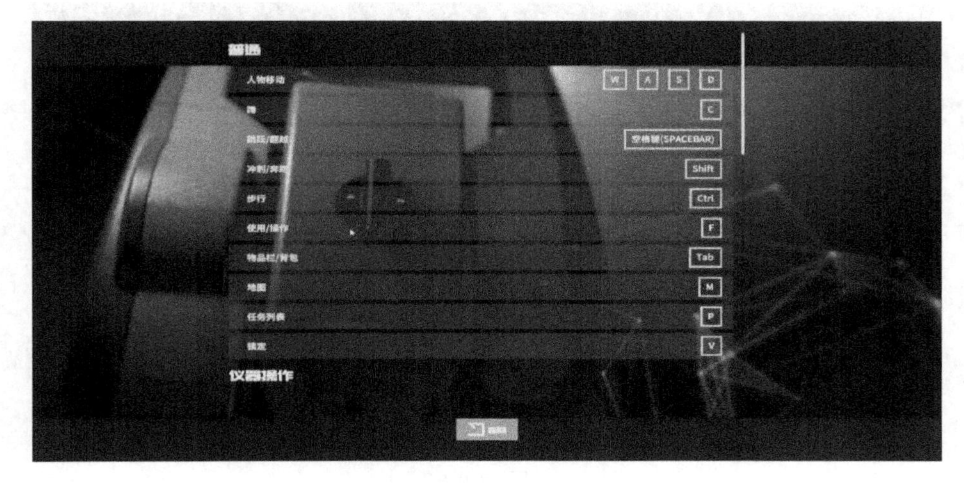


图　3-0-3

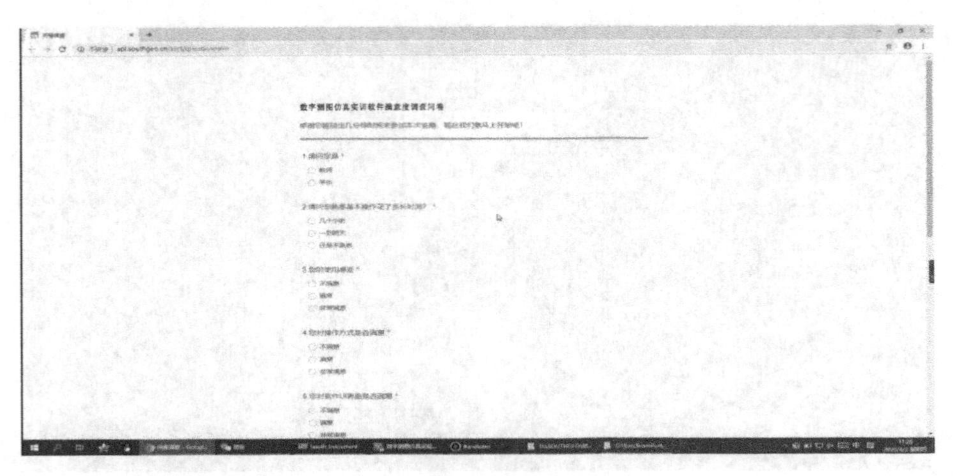

图 3-0-4

图 3-0-5

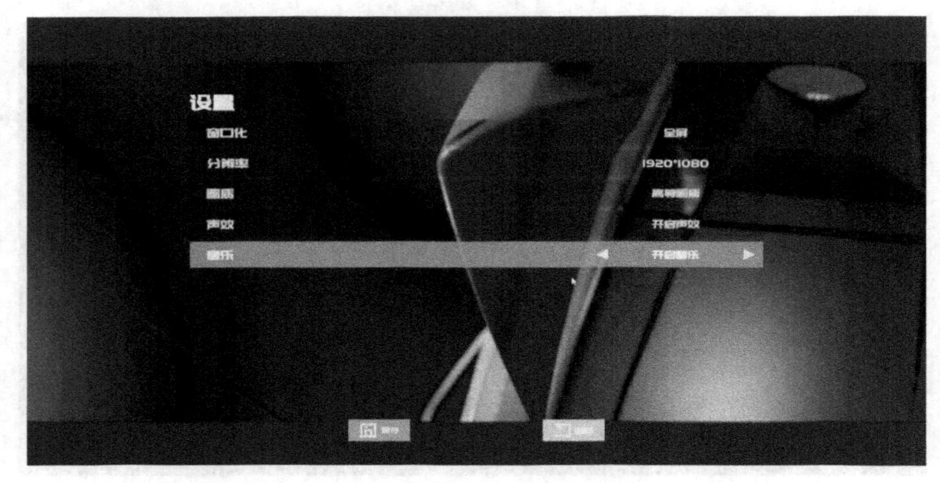


图 3-0-6

图　3-0-7

### 2. 训练关卡

训练关卡选择界面如图 3-0-8 所示。训练关卡包括：架设基准站、架设移动站、基站移动站连接、控制点采集、数据导入导出、全站仪架设。左键单击某一训练关卡即进入该训练场景。

图　3-0-8

(1)架设基准站(图 3-0-9 和图 3-0-10)。

图　3-0-9

a)

b)

图　3-0-10

具体操作:

①单击左键选择三脚架→单击左键放置地面;

②单击键盘"Tab"键展开仪器列表,选择"测高片"→滑动滚轮调节远近,配合人物移动将测高片移动至绿色区域,调节测高片为绿色之后单击鼠标左键进行放置;

③单击"Tab"键展开仪器列表选择"连接杆"→滑动滚轮调节远近,配合人物移动将连接杆移动至绿色区域,连接杆节变为绿色之后单击鼠标左键进行放置;

④按"Tab"键展开仪器列表选择"银河 1"→滑动滚轮调节远近,配合人物移动将银河 1 移动至绿色区域,调节银河 1 为绿色之后单击鼠标左键进行放置;

⑤按"Tab"键展开仪器列表选择天线→滑动滚轮调节远近,配合人物移动将天线移动至绿色区域,调节天线为绿色之后单击鼠标左键进行放置。

(2)架设移动站(图 3-0-11)。

具体操作:

①单击左键选择碳纤杆→单击左键放置地面;

②单击“Tab”键展开仪器列表，选择“托架”→滑动滚轮调节远近，配合人物移动将托架移动至绿色区域，调节测高片为绿色之后单击鼠标左键进行放置；

③单击“Tab”键展开仪器列表，选择“银河 1”→滑动滚轮调节远近，配合人物移动将银河 1 移动至绿色区域，连接杆节变为绿色之后单击鼠标左键进行安装；

④单击“Tab”键展开仪器列表，选择“天线”→滑动滚轮调节远近，配合人物移动将天线移动至绿色区域，调节天线为绿色之后单击鼠标左键安装。

图　3-0-11

(3)基站移动站连接。

基准站连接具体操作：

①单击左键选择“手簿”(图 3-0-12)；

图　3-0-12

②单击“新建工程”(图3-0-13)→输入文件名(图3-0-14),单击“确定”→坐标系统默认(图3-0-15),确定;

图 3-0-13

图 3-0-14

图 3-0-15

③单击“打开工程”(图3-0-16)→选择“工程文件”(图3-0-17)→单击“确定”;

图 3-0-16

图 3-0-17

④设置步骤:

打开“配置菜单”(图3-0-18)→单击“仪器连接”(图3-0-19)→单击手簿页面左下角“扫描”(图3-0-20),连接(图3-0-21)。

图 3-0-18

图 3-0-19

图 3-0-20

图 3-0-21

⑤基准站设置步骤(图 3-0-22)：

打开“配置菜单”→单击“仪器设置”(图 3-0-23)→单击“基准站设置”(图 3-0-24)→打开“数据链”,选择“网络模式”→打开“网络配置”,选择“接收机移动网络”→打开“数据链设置”,a)单击增加,自定义输入账户密码,点击确定;b)单击连接提示成功后单击确定→差分格式:RTCM32→基站启动坐标:确定即可→最后单击“启动”。

图　3-0-22

图　3-0-23

图　3-0-24

⑥移动站参数设置：

打开“配置菜单”→选择“仪器连接：扫描”，连接→选择“仪器设置：切换移动站设置”（图3-0-25）→打开“数据链：网络模式”→打开“网络配置：接收移动机网络”→打开“数据链设置：单击增加输入账号密码”→连接→成功后确认→差分格式：RTCM32→基站启动坐标单击确认（图3-0-26）→单击“启动”。

图 3-0-25

图 3-0-26

打开“配置菜单”→当前坐标系统设置→新建坐标系统（图3-0-27）→坐标系统处输入CGCS2000（图3-0-28）→设置投影参数→中央子午线处输入“114”（图3-0-29）→确定。

图 3-0-27

图　3-0-28

图　3-0-29

打开“配置菜单”→工程设置→输入“1.8”切换为杆高(图 3-0-30)→确认。

图　3-0-30

(4)控制点采集。

RTK 控制点测量步骤:

①单击"Tab"键打开仪器列表选择 RTK,跟随地面路线指引移动至点位(图 3-0-31)→单击鼠标左键放置到测钉上(图 3-0-32)。

图 3-0-31

图 3-0-32

②单击"Tab"键打开"仪器列表",选择"手簿"→打开"测量菜单",选择"控制点测量"(图 3-0-33)→单击"保存"→单击"开始"→单击"R"键拾起 RTK 移动至下一点位重复上述步骤。

图 3-0-33

③快速采集控制点:布设好测钉后→单击“M”键打开地图→选择地图右下角“自动采集”→输入点数→单击“确定”。

求转换参数:

①单击“Tab”键打开“仪器列表”,选择“手簿”。

②打开“输入列表”(图 3-0-34)→单击“校正向导”(图 3-035)→单击“下一步”→输入控制点坐标(图 3-0-36)→校正→单击“确定”→校正完成。

图　3-0-34

图　3-0-35

图　3-0-36

(5)数据导入导出。

数据互传:

①单击“Tab”键打开“仪器列表”,选择“手簿”,打开“工程菜单”→单击“文件导入”→单击“确定”→退出手簿操作(图 3-0-37)。

图 3-0-37

②单击“Tab”键打开“仪器列表”→单击“电脑”→导入 RTK 数据到电脑→导出 RTK 数据到全站仪(图 3-0-38 ~ 图 3-0-40)。

图 3-0-38

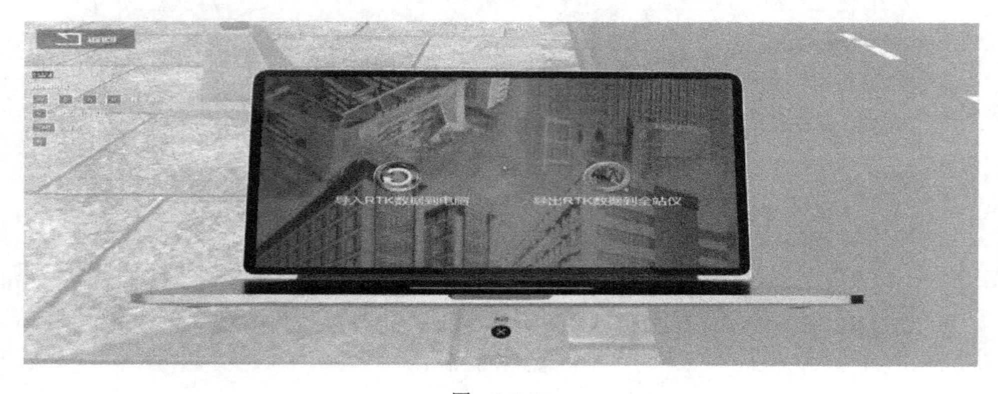


图 3-0-39

图　3-0-40

③单击“Tab”键打开“仪器列表”选择“全站仪”，打开“工程菜单”→单击“导入”→单击“确定”（图3-0-41～图3-0-43）。

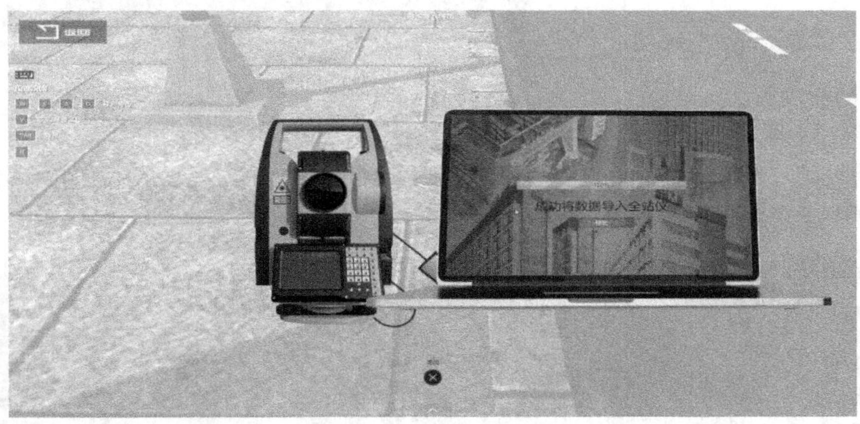

图　3-0-41

图　3-0-42

图 3-0-43

(6)全站仪架设。

①全站仪对中。

具体操作:单击“全站仪对中”→鼠标移动到需要调整的脚螺旋,根据位置滑动滚轮进行调整→提示对中成功后完成此步骤(图3-0-44)。

图 3-0-44

②全站仪粗平。

具体操作:单击“全站仪粗平”→鼠标移动到需要调整的脚架,根据气泡位置滑动滚轮进行调整→提示粗平成功后完成此步骤(图3-0-45)。

图　3-0-45

③全站仪精整平。

具体操作:单击“全站仪精平”→鼠标移动到脚螺旋滑动滚轮,调整气泡位置→提示精平成功后完成此步骤(图 3-0-46)。

图　3-0-46

④全站仪精对中。

具体操作:单击“全站仪再对中”→鼠标移动到右下角全站仪图标,根据激光位置鼠标左键单击不同方向进行调整→提示对中成功后完成此步骤(图 3-0-47)。

图 3-0-47

⑤全站仪再精整平。

具体操作:单击“全站仪再精平”→鼠标移动到脚螺旋,滑动滚轮调整气泡位置→提示精平成功后完成此步骤(图3-0-48)。

图 3-0-48

⑥后视检查。

具体操作:训练营中单击“后视检查”完成演示播放(图3-0-49)。

图 3-0-49

3. 场景实训

(1)功能按键(图 3-0-50 ~ 图 3-0-53)。

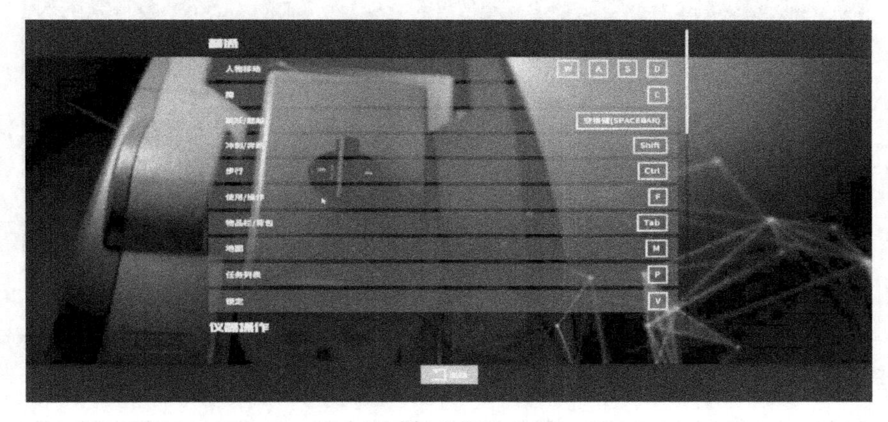


图 3-0-50

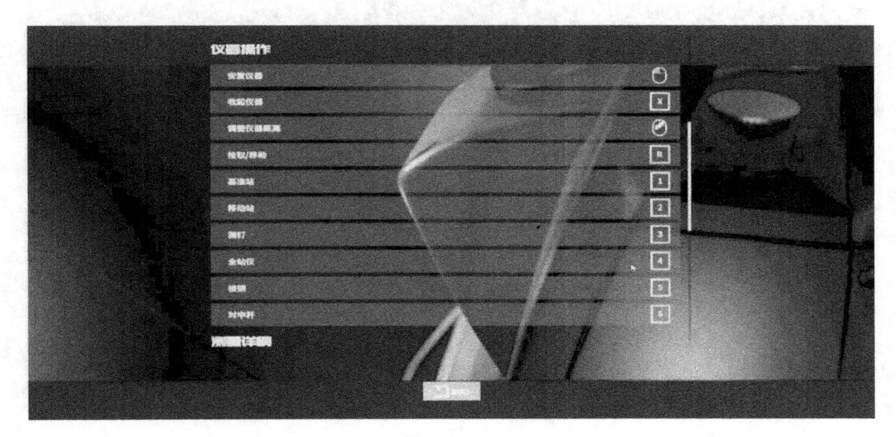


图 3-0-51

图　3-0-52

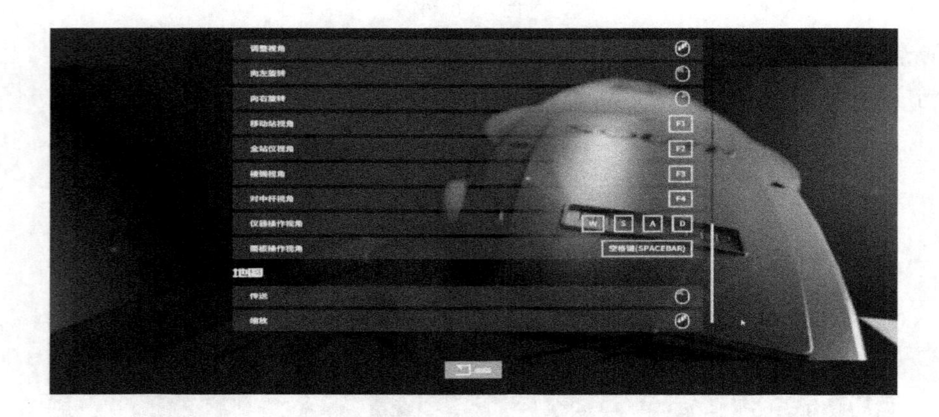


图　3-0-53

(2)基准站架设(图3-0-54和图3-0-55)。

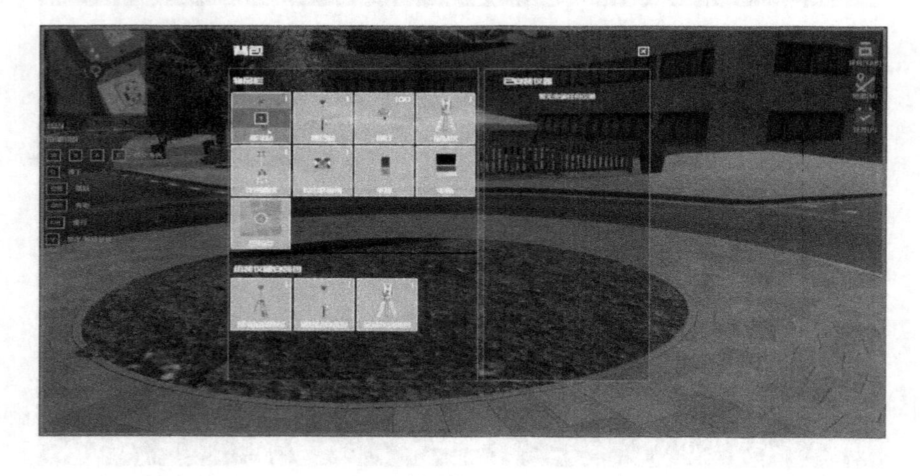

图　3-0-54

图　3-0-55

具体操作:单击“Tab”键展开仪器列表→鼠标移动至菜单基准站设备处→单击鼠标左键→单击鼠标左键进行放置。

(3)选点。

具体操作:单击键盘“M”键打开地图→单击鼠标左键;自动传送至点位处或单击右侧路线指引再选择点位,关闭地图后根据场景小地图红线移动至点位(图3-0-56～图3-0-58)。

图　3-0-56

图　3-0-57

图 3-0-58

(4)控制点采集。

具体操作:根据图 3-0-59 ~ 图 3-0-64,在测钉位置附近单击“Tab”键→鼠标移动至菜单移动站设备处→单击鼠标左键将仪器对准点位位置,单击鼠标左键放置→单击“F1”键→单击“测量”→单击“控制点测量”→单击“保存”→单击“开始”→完成采集。

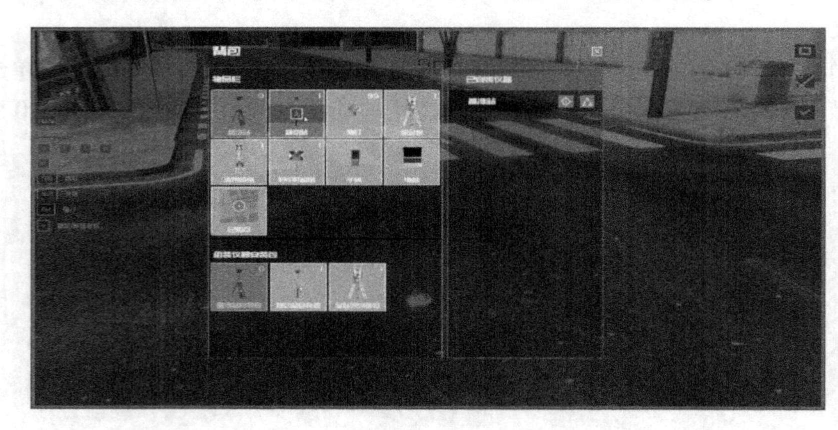

图 3-0-59

图 3-0-60

图　3-0-61

图　3-0-62

图　3-0-63

图 3-0-64

(5)后视检查。

具体操作:在图根点位置附近单击"Tab"键→鼠标移动至棱镜→单击鼠标左键→将仪器对准图根点位置单击鼠标左键放置→单击"F3"键操作棱镜→单击"E"键快速对准全站仪(图 3-0-65 ~ 图 3-0-68)。

图 3-0-65

图 3-0-66

图　3-0-67

图　3-0-68

(6)碎部点采集。

具体操作:单击“后视检查”→调用→单击“测量”→完成后视检查(图3-0-69和图3-0-70)。

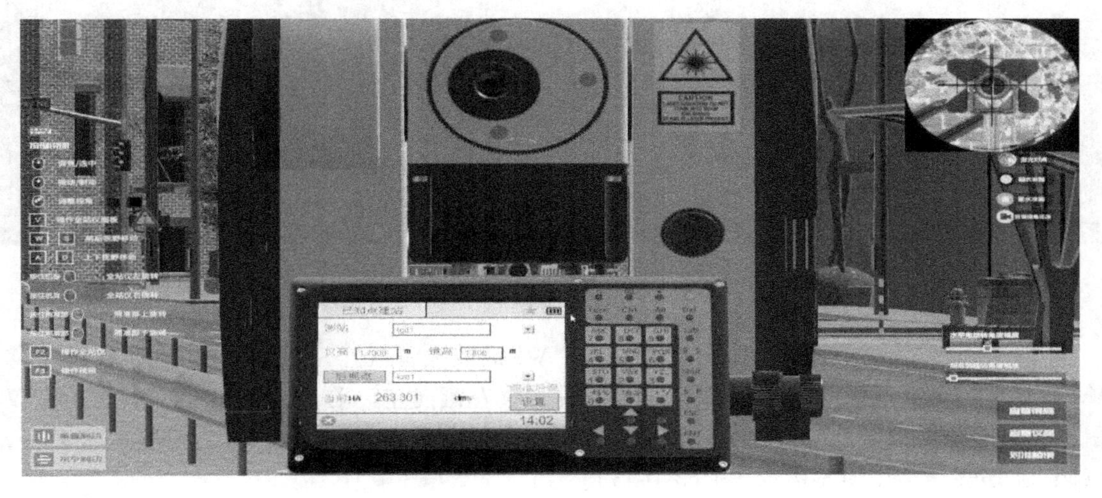

图　3-0-69

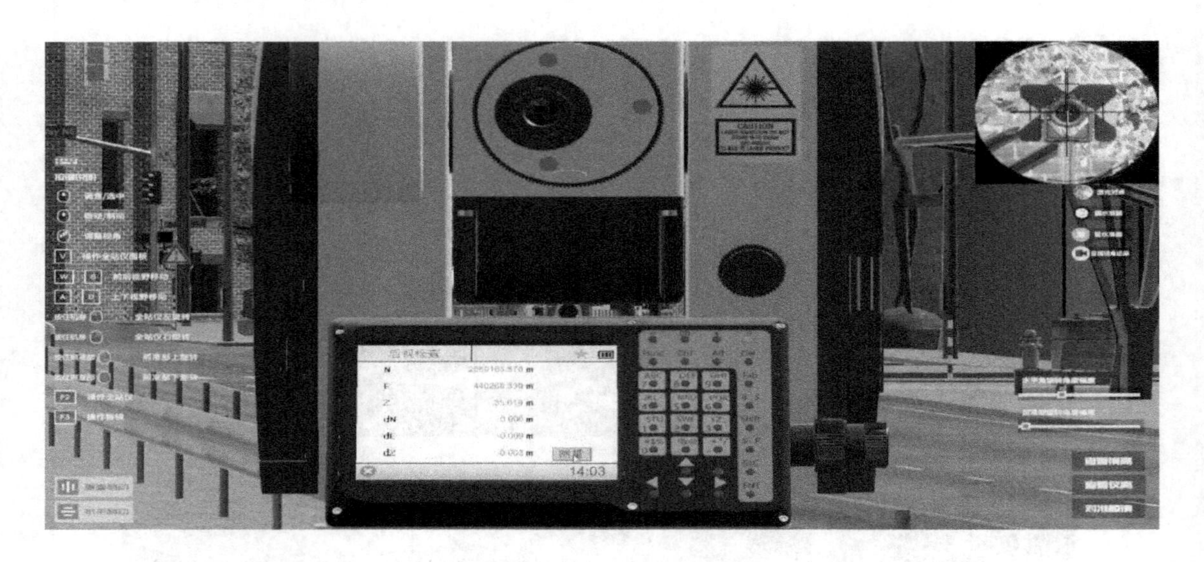


图 3-0-70

操作步骤:单击“Tab”键→单击“选择全站仪”→单击鼠标左键完成架设(图 3-0-71)。

图 3-0-71

操作步骤:单击“F2”键操作全站仪(单击“W”键放大,单击“S”键缩小,单击“A”键下移,单击“D”键上移),鼠标移动至全站仪两侧按住鼠标左键向左转动,按住右键向右转动全站仪,鼠标移动至全站仪照准部按住鼠标左键向下转动全站仪照准部,按住鼠标右键向上转动全站仪照准部进行粗瞄(图 3-0-72 和图 3-0-73)。

图　3-0-72

图　3-0-73

操作步骤：鼠标移动至水平、垂直制动螺旋处滑动鼠标滚轮进行制动(图3-0-74)。

图　3-0-74

操作步骤：鼠标移动至望远镜调焦螺旋处，滑动鼠标滚轮进行调焦(图3-0-75)。

图 3-0-75

操作步骤:鼠标移动至垂直微动螺旋处,滑动鼠标滚轮进行微调(图 3-0-76)。

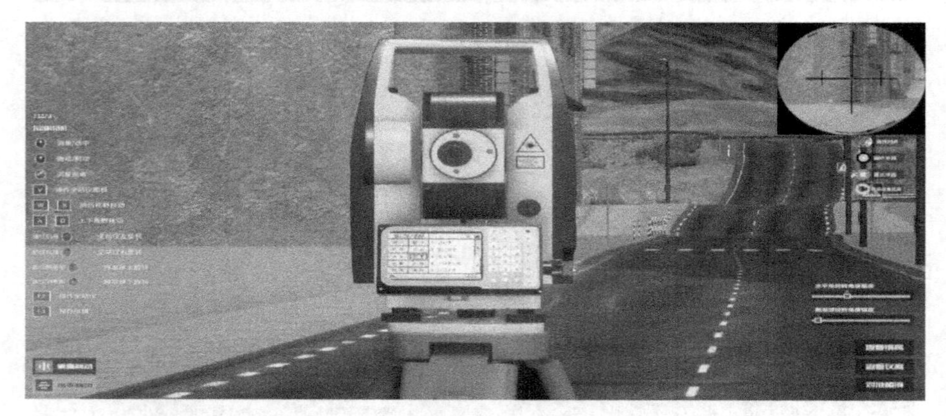

图 3-0-76

操作步骤:鼠标移动至水平微动螺旋处,滑动鼠标滚轮进行微调(图 3-0-77)。

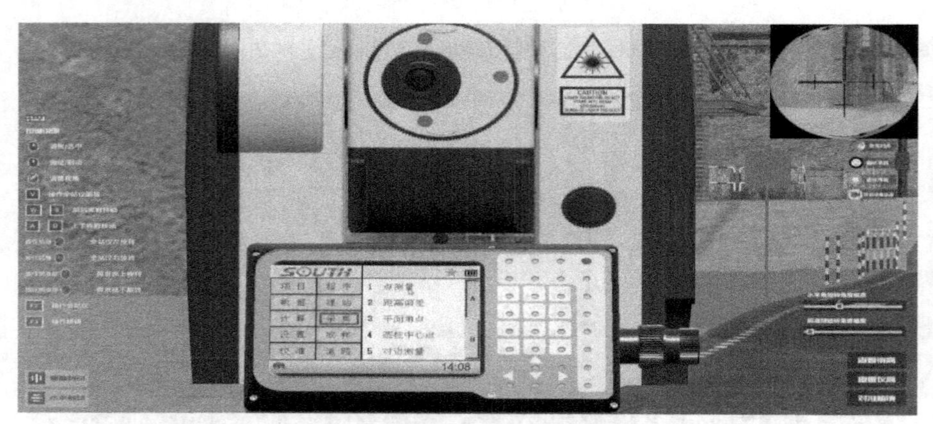


图 3-0-77

操作步骤:单击全站仪键盘红色高亮电源处开机→单击“采集界面”→单击“点测量”(图 3-0-78)。

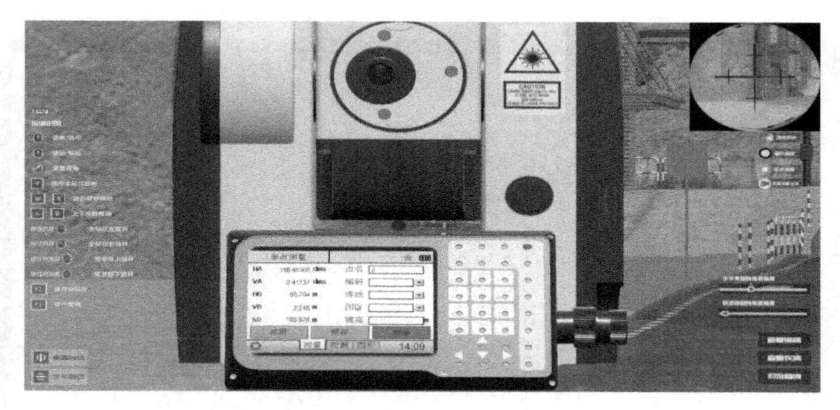

图 3-0-78

操作步骤:单击测存完成采集。

4. 仪器数据导入导出(软件内)

见图 3-0-79。

图 3-0-79

5. 虚拟数据导入 CASS 软件成图。

见图 3-0-80 和图 3-0-81。

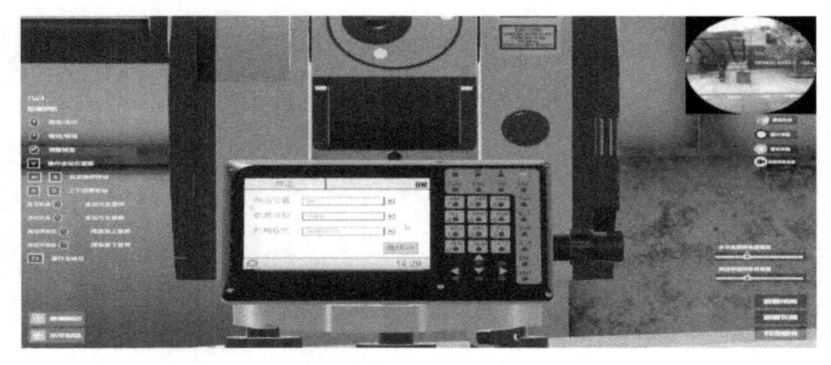

图 3-0-80

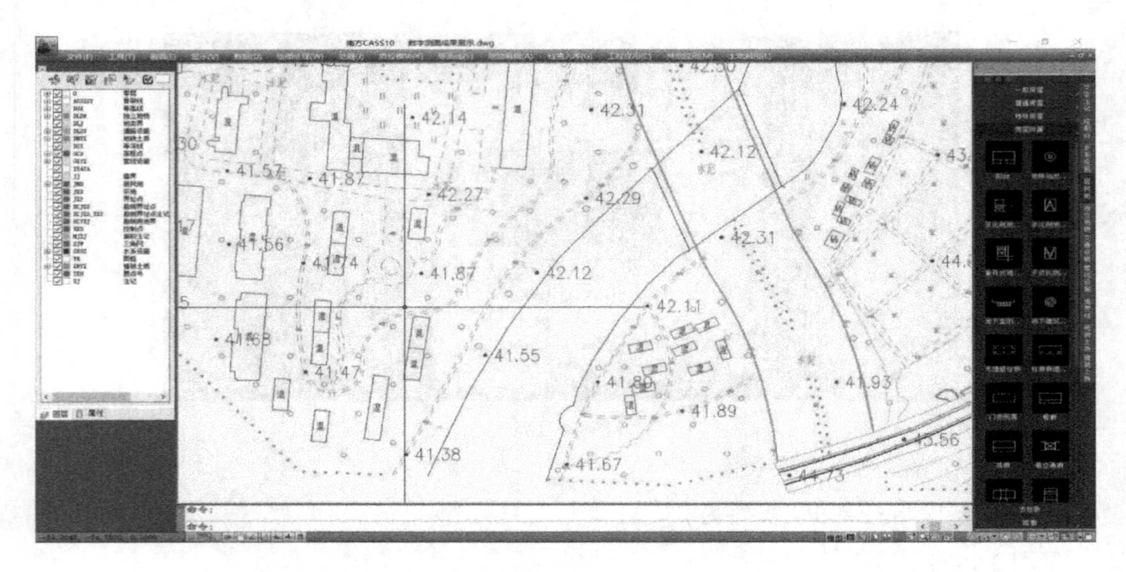

图 3-0-81

# 参考文献


[1] 中国有色金属工业协会. 工程测量规范: GB 50026—2007[S]. 北京: 中国计划出版社,2008.

[2] 中华人民共和国国家质量监督检验检疫总局. 国家基本比例尺地形图图示 第1部分: 1∶500 1∶1000 1∶2000 地形图图式: GB/T 20257.1—2017[S]. 北京: 中国标准出版社,2017.

[3] 中华人民共和国国家质量监督检验检疫总局. 全球定位系统(GPS)测量规范: GB/T 18314—2009[S]. 北京: 中国标准出版社,2009.

[4] 中华人民共和国国家质量监督检验检疫总局. 外业数字测图技术规程: GB/T 14192—2005 1∶500 1∶1000 1∶2000[S]. 北京: 中国标准出版社,2005.

[5] 中华人民共和国住房和城乡建设部. 城市测量规范: CJJ/T 8—2011[S]. 北京: 中国建筑工业出版社,2012.

[6] 中华人民共和国国家质量监督检验检疫总局. 测绘成果质量检查与验收: GB/T 24356—2023[S]. 北京: 中国标准出版社,2023.

[7] 中华人民共和国国家质量监督检验检疫总局. 基础地理信息要素分类与代码: GB/T 13923—2022[S]. 北京: 中国标准出版社,2022.

[8] 赵建三,唐平英,等. 测量学[M]. 北京: 中国电力出版社,2008.

[9] 唐平英,等. 测量学实验指导书与实验报告[M]. 北京: 人民交通出版社,2005.

[10] 宁津生,陈俊勇,李德仁,等. 测绘学概论[M]. 武汉: 武汉大学出版社,2004.

[11] 潘正风,程效军,成枢,等. 数字地形测量学[M]. 武汉: 武汉大学出版社,2015.

[12] 潘正风,程效军,成枢,等. 数字地形测量学习题和实验[M]. 武汉: 武汉大学出版社,2017.

[13] 贺跃光,等. 工程测量[M]. 北京: 人民交通出版社,2007.

[14] 黄依薇,等. 数字测图虚拟仿真实训软件用户操作手册[R]. 广州: 广州南方测绘科技股份有限公司,2020.

# 参考文献